文系のための
めっちゃやさしい

人体

監修
吉川雅英
東京大学大学院教授

はじめに

　人体は，いちばん身近（というか，「身」そのもの）であり，生きている間はずっと使いつづける必要があります。マニュアルがなくても「使える」のですが，まちがえて壊しても「取りかえる」というわけにいかないことが多いのが，人体です。

　20万年前くらいに誕生した現在の人類は，せいぜい40〜50歳くらいまで生きるようにできているようです。しかし，現代は医学や公衆衛生が発展したおかげて，日本人の平均寿命は80歳以上になりました。**ですから，みなさんの誰もが，身体の中がどうなっているのかを知って，上手にいたわりながら使うことが重要なのではないでしょうか。**たとえば，2020年に世界中に蔓延したコロナウイルスや，それに対抗するためのワクチンも，身体の仕組みを理解すると，より正しく対処できると思います。

　それに加え，人間の身体はとても精緻にできていることが，最近の研究によって続々とわかってきています。**医学・生命科学の分野の研究は，さまざまなテクノロジーの進歩により，おどろくようなペースで進んでいるので，以前は正しいと思われていたことも，まちがっていることが判明したりしています。**ですので，もっと知りたいこと，本当かな？　と疑問に感じたことがあったら，ぜひインターネットで調べてみてください。本書がそうした関心をもつキッカケになれば幸いです。

監修

東京大学 大学院医学系研究科教授

吉川 雅英

目次

1時間目 体をつくる超重要組織,筋肉・皮膚・骨

STEP 1

骨と筋肉のしくみを知ろう

人の体の中を見てみよう! 14

全身の骨を見てみよう! 16

骨の中はスカスカ 20

骨は,1年間に約5分の1が入れかわる 23

体が硬い! の原因は関節にあり 28

全身の筋肉を見てみよう! 35

腕を動かすときにはたらく筋肉を見てみよう! 41

筋肉が動くしくみ 44

筋線維には,種類がある 51

筋トレをしよう! 53

スマホ首になっていませんか? 57

STEP 2
全身をおおう皮膚と毛

皮膚は，機能のちがう三つの層でできている 62

暑いときに皮膚が赤くなるのは，体温調節のため 70

乾燥は，お肌の大敵 75

髪は皮膚が変化したものだった! 79

若い人でも，毎日100本の髪がぬける 81

偉人伝① Ｘ線を発見，ヴィルヘルム・レントゲン 88

2時間目 消化の旅

STEP 1
口から大腸へ

食べ物を消化する10メートルの道のり 92

消化は口からはじまる 98

歯は，めっちゃ硬い 103

逆立ちしても，食べ物は胃にたどりつく 109

食べ物をドロドロにする胃 115

膵臓は，なんでも分解するすごいやつ 120

小腸の長さは，6メートル以上 126

大腸には，100兆もの細菌がすんでいる.......................... 130

人体最大の化学工場，肝臓 135

栄養は，いろんな場所で分解される 140

STEP 2
尿をつくって排泄する泌尿器

腎臓は血液の管理者 146

限界までがまんすれば700mlの尿をためられる 151

偉人伝② 解体新書をつくりあげた，杉田玄白 154

3 時間目 年中無休ではたらきつづける肺と心臓

STEP 1
空気を取りこむ肺

口呼吸よりも鼻呼吸がおすすめ 158

肺は 4 〜 5 リットルの空気をためこめる 162

肺の中には，3 億個もの小部屋がある 167

肺がんはがん死の部位別ランキング 1 位 171

STEP 2
血液を送りつづける心臓

心臓は，1 分間に 5 リットルの血液を送りだす 176

心臓の音は何の音? 182

運動をすると，筋肉の血液量は 30 倍になる! 187

心臓病は臓器別の死因第 1 位 192

4時間目 物を考えたり，感じたりする脳と感覚器官

STEP 1
全身をコントロールする脳と神経

情報伝達を専門にする神経細胞 200

脳の主役，神経細胞 202

人体のメインコンピューター大脳 205

大脳は場所によって仕事がちがう 208

たくさんの神経の通り道，脊髄 211

体には戦闘モードと休息モードがある 216

STEP 2

感覚を生み出す感覚器官

目は，手ブレ防止機能をもつ高機能センサー 222

スマホ老眼に要注意 229

耳の"カタツムリ"で音を感知する... 233

鼻のにおいを感知する部分は，切手1枚分 242

味のセンサーは，のどや口の天井にもある 246

5時間目 体内をかけめぐる血液と免疫

STEP 1

流れる臓器,血液

血液には役割がたくさん 254

動脈硬化に要注意 259

血液は,骨の中でつくられる 262

いろんな器官のはたらきを調整するホルモン 267

STEP 2

病原体に打ち勝つ! 免疫のしくみ

外敵から体を守る防衛隊 274

免疫のトレーニングは,胸や骨の中で行われる 281

リンパ管や血管を通って,免疫細胞は全身へ 286

偉人伝③ 近代免疫学の父,エドワード・ジェンナー 294

とうじょうじんぶつ

 吉川雅英 先生
東京大学で解剖学を
教えている先生

 さえない文系サラリーマン（27才）

1

時間目

体をつくる超重要組織，
筋肉・皮膚・骨

骨と筋肉の
しくみを知ろう

私たちの体は，たくさんの骨で支えられ，筋肉によって動くことができます。骨や筋肉とは，いったいどのような組織なのか，くわしく見ていきましょう。

人の体の中を見てみよう！

先生，今日は私たちの**体のしくみ**について教えてもらいたくてきました。

私たちが生きていけるのは，体の中のさまざまな器官が連携して，うまくはたらいているからですよね。人体には，どんなすごいしくみがかくされているんでしょうか？

右のイラストのように，人体には，思考や感覚を司る器官，消化のための器官，呼吸のための器官など，さまざまな器官がおさまっています。これらの器官や組織がいかにして，私たちの生を支えているのか，そのすぐれたしくみをこれから紹介していきましょう。

人の体の中には，いろんな器官がつまっているんですね。肝臓とか胃とか，名前は知ってるけど，よく考えると何をしているのか知らないんですよね。

自分自身のことなのに，**わからないことだらけ**です。これから，よろしくお願いします！

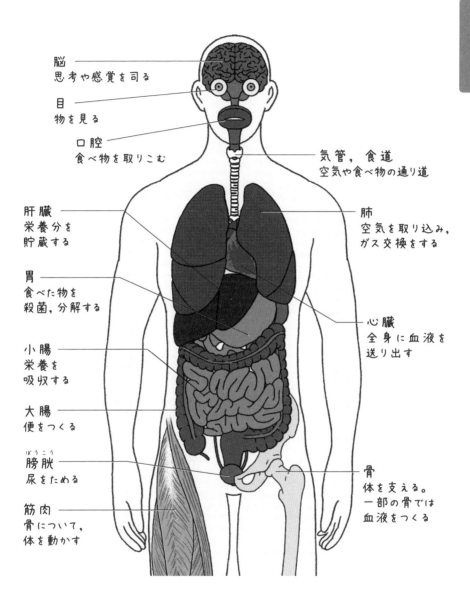

脳
思考や感覚を司る

目
物を見る

口腔
食べ物を取りこむ

気管，食道
空気や食べ物の通り道

肝臓
栄養分を
貯蔵する

肺
空気を取り込み，
ガス交換をする

胃
食べた物を
殺菌，分解する

心臓
全身に血液を
送り出す

小腸
栄養を
吸収する

大腸
便をつくる

膀胱
尿をためる

骨
体を支える。
一部の骨では
血液をつくる

筋肉
骨について，
体を動かす

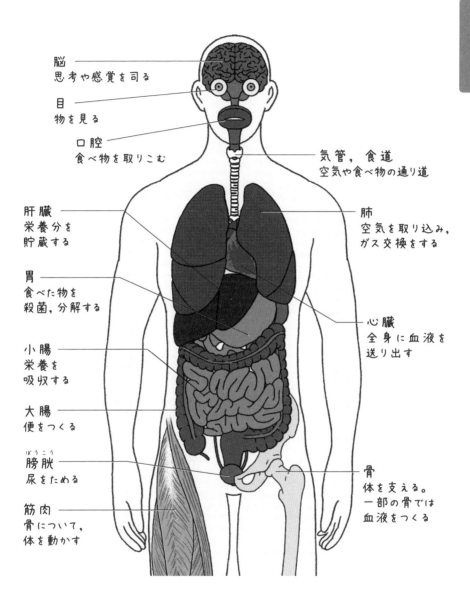

全身の骨を見てみよう！

 まず，この1時間目STEP1では，私たちの体を動かしたり，支えたりする**骨**や**筋肉**について，くわしく見ていきましょう！

 ## はいっ！ お願いします。

骨といえば，小学生のとき，腕の骨を折ったことがあります。ギプスをつけてるとかゆくてもかけなくて，つらかったなぁ。

 ふふふっ，大変でしたね。
ではまず，全身の骨をながめてみます。

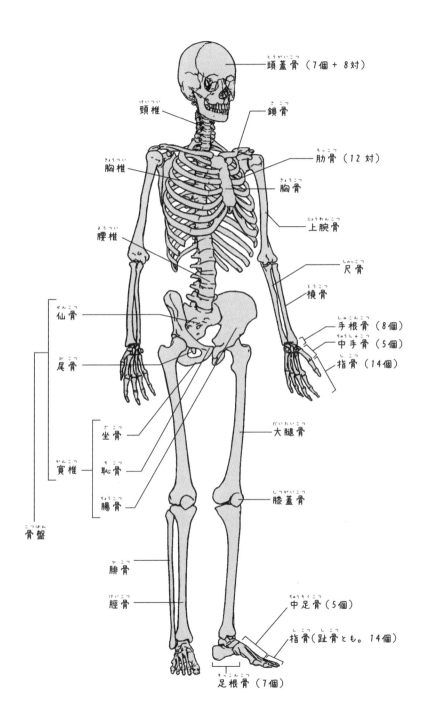

頭蓋骨（7個 + 8対）

頸椎

鎖骨

胸椎

肋骨（12 対）

胸骨

腰椎

上腕骨

尺骨

橈骨

仙骨

手根骨（8個）
中手骨（5個）
指骨（14個）

尾骨

坐骨

大腿骨

寛椎

恥骨

腸骨

膝蓋骨

骨盤

腓骨

脛骨

中足骨（5個）

指骨（趾骨とも。14個）

足根骨（7個）

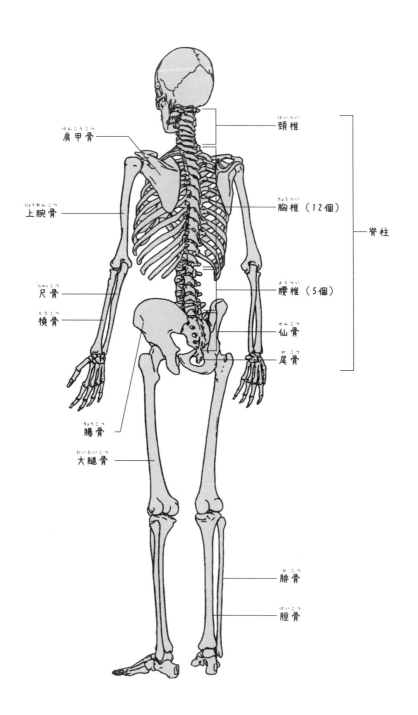

肩甲骨
けんこうこつ

上腕骨
じょうわんこつ

尺骨
しゃっこつ

橈骨
とうこつ

腸骨
ちょうこつ

大腿骨
だいたいこつ

頸椎
けいつい

胸椎（12個）
きょうつい

腰椎（5個）
ようつい

仙骨
せんこつ

尾骨
びこつ

脊柱

腓骨
ひこつ

脛骨
けいこつ

ほぉー，人の体にはたっくさんの骨があるんですね。

脳を格納する**頭蓋骨**，首からおしりにかけてつらなって体全体の支柱となる**脊柱**，太ももの**大腿骨**などは，名前だけは聞いたことがあるかもしれませんね。
私たちが重力に逆らって姿勢を保ち，立って歩くことができるのは，これらのたくさんの骨のおかげなんです。
これらの骨がつくる構造を，**骨格**といいます。

人の体には，いくつくらいの骨があるんでしょうか？

一般的な成人の体には，合計**206個**の骨があります。
ただし，骨の本数には個人差があり，必ずしも206個になるわけではありません。

206個も！？
とても多いんですね。それに，個人差もあるのか。

さらに，生まれたばかりの赤ちゃんには，**300個以上**の骨があるんですよ。

えーっ！ 大人よりも100個以上も多いんですか！？
いったいその骨はどこに消えるんですか？

消えるわけではありません。
成長の過程で骨と骨がくっついて，成人するまでに200個ほどに落ち着くんです。
たとえば，仙骨は，もともと5個にわかれていたのが，成長につれてつながって一つになるんです。

骨の中はスカスカ

では，次に**骨の中**を見てみましょう。
実は骨の内部は**空洞**がたくさんあるんですよ。

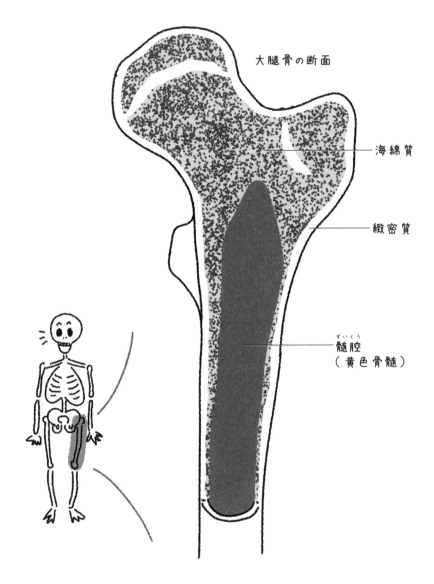

大腿骨の断面

海綿質

緻密質

髄腔
（黄色骨髄）

ほんとだ，スカスカだ！

スポンジみたいに見える。骨って硬いのに，意外ですね！

そうでしょう。骨の内側のスカスカの部分は，海綿質（かいめんしつ）といいます。そしてその外側は，硬い組織である緻密質（ちみつしつ）でおおわれています。**二つの組織をあわせもつことで，骨は軽量でありながら強度を保つことができるんです。**

二つの組織によって，軽さと強度が両立されているなんて，すごいなぁ。
ところで，骨の中央にデーンとある髄腔（ずいくう）（黄色骨髄（おうしょくこつずい））って何ですか？

お，気づきましたか。
この部分では，子供のころに赤血球や白血球，リンパ球などの血液の細胞がつくられているんです。子供のころは，ここは赤色をしており，赤色骨髄（せきしょくこつずい）といわれます。

血液の細胞って，骨の中でつくられていたのか～！

はい，そうなんです。
でも，**年を経るにつれて，赤色骨髄はその能力を失っていき，やがて脂肪の組織に置きかわっていきます。**そうしてできるのが，黄色骨髄なんです。赤色骨髄と黄色骨髄をあわせて，単に骨髄といいます。

えっ!? じゃあ, 大人は血液の細胞が
つくられなくなるんですか？

 いいえ, そんなことはありませんよ。たしかに, 多くの
骨では赤色骨髄が失われますが, **胸骨や椎骨 (背骨) など,
成人しても赤色骨髄を残して血液の細胞をつくっている
骨もあるんです。**
ところで, 骨付きのお肉を食べたときなどに, 骨の内部
にある赤黒い部分を見たことはありませんか？ それが
骨髄なんですよ。

 あぁー, あれですか！ 見たことあります。
お肉, おいしいですよね〜！

骨は，1年間に約5分の1が入れかわる

 骨って，とても硬いですけど，いったい何でできているんですか？

 骨は主に，カルシウムとリン酸でできたヒドロキシアパタイトという物質でできています。

 ヒドロキシアパタイト……，歯磨きのCMで聞いたことがあるような？　ヒドロキシアパタイトというのが，骨の硬い成分なんですか？

 はい，そうです。ヒドロキシアパタイトは，骨芽細胞（こつが）という細胞から分泌されています。骨芽細胞の周囲に，分泌されたヒドロキシアパタイトが沈着することで，骨がつくられるんです。

骨がそうやってできてるなんて，知りませんでした。骨芽細胞がつくっていたのかぁ。

一方で，骨を破壊する**破骨細胞**という細胞も存在します。

は，破骨 !?　そんな悪さをする細胞が !?

いえいえ，悪いやつではありません。破骨細胞には，血液中のカルシウム濃度を上げるはたらきがあるんです。体内の**カルシウム**の99％は骨に貯蔵されています。筋肉の収縮や情報の伝達などに必要な血液中のカルシウムが不足すると，血液中で破骨細胞が増えて活性化されます。**破骨細胞は，骨を酸や酵素でとかし，とけだしたカルシウムとリン酸を取りこみます（骨の吸収）。**
そして，これらが近くの毛細血管に運ばれると，血液中の**カルシウム濃度**が上がるんです。

なんだ，破骨細胞は悪いやつではなく，血液中のカルシウムを増やすために必要なやつだったんですね。

そうですよ。
そして，破骨細胞のはたらきで血液中のカルシウム濃度が正常範囲をこえると，**甲状腺**から破骨細胞の機能をおさえる物質が分泌され，骨の吸収はおさまります。
すると今度は骨芽細胞のはたらきによって，骨は元どおりに修復されるんです。

骨って，ずっと変わらないイメージを持っていましたが，実は**破壊と創造がくりかえされていたんですね。**

その通りです。私たちの体では，骨の形成と吸収が，つねにくりかえされています。
若い人ではなんと，1年間に全身の骨の約5分の1も入れかわるといわれているんですよ。

5分の1も!? すごい！

骨を形成・修復する骨芽細胞と，骨を破壊する破骨細胞はうまくバランスがとれている必要があります。それがくずれると，骨がもろくなる骨粗鬆症が引きおこされることもあります。

こ，こつしょしょ，しょ，しょう……。
聞いたことがあります。骨がスカスカになって，骨折しやすくなるんですよね？

よくご存じで。
骨の硬さは，ヒドロキシアパタイトなどの密度（骨密度）で決まります。骨密度は20歳ごろに最大となり，30代ごろまで保たれます。ところが，**40代後半ごろから徐々に骨芽細胞よりも破骨細胞が優位になり，骨密度が低下していきます。**そうして，骨がもろくなるのが骨粗鬆症です。とくに**女性に多い**ので注意が必要です。

骨密度の低下を防ぐにはどうすればよいのでしょうか？

骨芽細胞は，運動したり，歩いたりして骨に負荷がかかると骨の形成をはじめます。ですから，**骨密度の低下を防ぐには，適度に歩くことが有効です。**

やっぱり家でぐうたらはよくない！
骨粗鬆症にならないように，これから気をつけて歩くようにします！

骨粗鬆症は女性に多い

　骨密度が低下し，骨がもろくなる骨粗鬆症は，女性に多いといわれています。それは，女性は男性にくらべてもともと骨密度が低いことに加え，50歳ごろの閉経にともない，骨密度の減少が加速するからです。

　女性の骨密度の低下には，「エストロゲン」という女性ホルモンが大きくかかわっています。女性は40代〜50代にエストロゲンが急激に減少して，骨の分解が活性化されてしまい，骨の形成と分解のバランスが大きくくずれてしまうのです。

　男性は急激に骨量が減少することがなく，もともと骨量も多いため，女性にくらべて骨粗鬆症になりにくいのです。

男性ホルモン

ホルモンバランスが安定し，生殖能力がすぐれた時期をむかえる

ゆるやかに減る男性ホルモン

30歳　　40歳　　50歳　　60歳　　70歳

女性ホルモン

ホルモンバランスが安定し，生殖能力がすぐれた時期をむかえる

急激に減少する女性ホルモン

30歳　　40歳　　50歳　　60歳　　70歳

　思春期にホルモン量がふえるのは，男女ともに同じです。その後50歳をすぎると，男性はゆるやかに減少するのに対して，女性は急激に減少します。

体が硬い！ の原因は関節にあり

次は，骨と骨をつなぐ関節について見てみましょう。骨と骨の連結には，ぴったりとつながって動かないものと，動くものがあります。このうち，動くことができる骨どうしの連結を**関節**といいます。

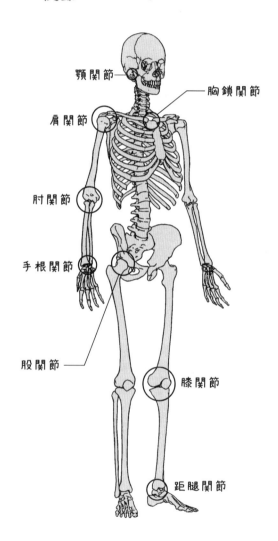

ひじとかひざとかですね。関節は人の体の中にいくつく
らいあるんでしょう？

 人体には，およそ**260個**もの関節があるんですよ。
ちなみにホンダのロボットＡＳＩＭＯの関節は**57個**です。

 ## お，ASIMOに勝ってる！
それにしても，260個とは多いですね。たくさんの関節
が動くおかげで，歩いたりしゃがんだり，ボールを投げ
たり，私たちはいろんな動作ができるわけですね！

その通りです。

ただし, 一口に関節といっても, 動く方向はさまざまです。たとえば肩の**肩関節**や足の付け根の**股関節**は, 丸いボール状の凸部分と, その受け皿となる凹部分の組み合わせからなります。この形状は**球関節**とよばれ, 複数の方向に動かせます。

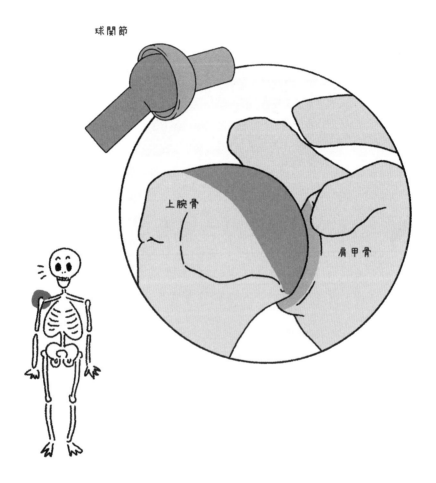

球関節

上腕骨

肩甲骨

きゅうかんせつ……。 たしかに，肩はぐる
ぐるといろんな方向に動かすことができますね。

 一方，ひざやひじの関節は，円柱状の凸部分と，その受
け皿となる凹部分の組み合わせからなります。この形状
は**蝶番関節**とよばれ，ちょうつがいのように一方向に
しか動きません。

蝶番関節

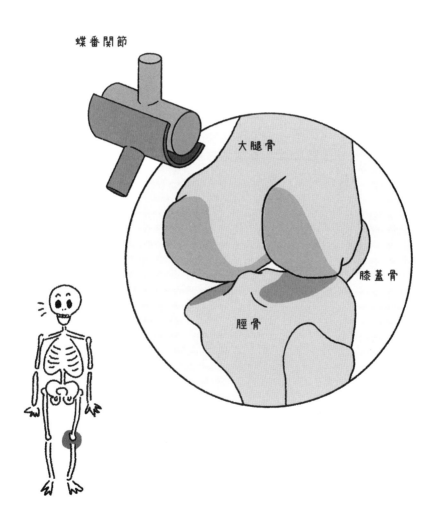

大腿骨

膝蓋骨

脛骨

31

本当だ。ひざは，肩とちがって，曲げ伸ばししかできません。

そうでしょう。関節にはほかにもさまざまな形状があり，それによって**動く方向（自由度）**や**角度（可動域）**が決まっているんです。

そういえば，最近体が硬くなってきて。いろんな関節の可動域が狭くなった気がするんです。
これは，関節が関係しているんでしょうか？

それは関節そのものというよりも，加齢や運動不足のせいで，**関節を動かす筋肉が硬くなったため**ですね。
本来の可動域よりも狭い角度でしか，関節を動かせなくなったんでしょう。

がーん。 そうなんですね……。それから，最近父が，「歩くと関節が痛い」ってよくいっています。じゃあ，これも筋肉が原因ですか？

いいえ，そちらはおそらく**関節のせい**でしょう。関節では，それぞれの骨が接触してすり減ってしまわないよう，**軟骨**というクッションで，骨がおおわれています。

また，骨どうしのすき間を満たす**滑液**が潤滑油の役割をはたしています。**加齢とともに軟骨がすり減っていくと，関節に炎症がおきて痛みが生じます。これを関節症といいます。**

関節症は疲労や感染症で生じる場合もあります。

軟骨がすり減る……。
いったいどうすれば，改善できるんでしょうか？

重症の関節症では，軟骨の成分である**ヒアルロン酸**（およびその構成成分であるグルコサミン）や**コンドロイチン**を患部に注射する治療が行われることがあります。

あ，テレビ通販でよく，**ヒアルロン酸やグルコサミン配合の健康食品**を売ってますよね！　あれは，やっぱり効果的なんですか？

うーん，それらの成分を経口摂取しても，軟骨が再生されるかどうかは，**いまのところ保証はありません。**

そうなんですか。
関節痛は，ちゃんと病院に行った方がよさそうですね。

膝関節が痛むときは病院へ！

　イラストは，加齢などによってひざの軟骨がすり減って，歩行などの際に痛む変形性膝関節症のイメージです。膝関節の軟骨を構成するのは，「ヒアルロン酸」です。

　ヒアルロン酸や，軟骨成分の生成を促進するグルコサミンを配合したサプリメントなどがありますが，それらは，経口で摂取しても効果があるのかどうかはわかっていません。

　膝関節が痛むときは，医師の診断を受けましょう。

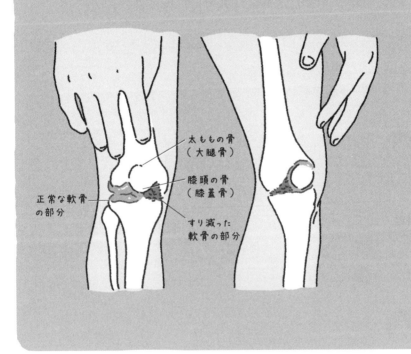

太ももの骨
（大腿骨）

膝頭の骨
（膝蓋骨）

正常な軟骨
の部分

すり減った
軟骨の部分

全身の筋肉を見てみよう！

それでは，いよいよお待ちかね，**筋肉です！**
筋肉のおかげで，私たちは何かを持ち上げたり，歩いたり，動いたりすることができるんですよ。

よっしゃ！　最近，在宅ワークが増えたんで，筋トレしようかなと思っているんですよ。**筋肉，マイブームなんです！**

おっ，いいですね。「筋肉」と一口にいっても，大きく**3種類**に分けることができます。いわゆる一般的な筋肉は，正確には**骨格筋**というものなんです。

こっかくきん？

はい。**骨にくっついていて，私たちの体の動きをつくり出すのが骨格筋です。**

なるほど。そのほかには，どんな筋肉があるんですか？

骨格筋のほかには，心臓を拍動させる**心筋**と，血管や内臓をおおう**平滑筋**があります。
ここでは，とくに骨格筋について，くわしく見ていきましょう。この1時間目で筋肉といったら，基本的には骨格筋のことをさしていると思っておいてください。

筋肉は大きく分けて3種類

私たちの体の筋肉には3種類があります。その中でもっとも大きなものは、骨格にくっついて体を動かす、「骨格筋」で、体重の約40%をしめます。このほか、心臓を動かす「心筋」、血管や内臓をおおう「平滑筋」があります。
骨格筋とことなり、心筋・平滑筋は、ヒトの意思とは関係なく動いています。

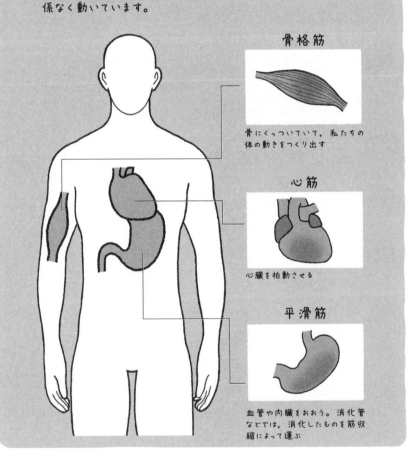

骨格筋

骨にくっついていて、私たちの体の動きをつくり出す

心筋

心臓を拍動させる

平滑筋

血管や内臓をおおう。消化管などでは、消化したものを筋収縮によって運ぶ

では，全身の骨格筋をながめてみましょう。

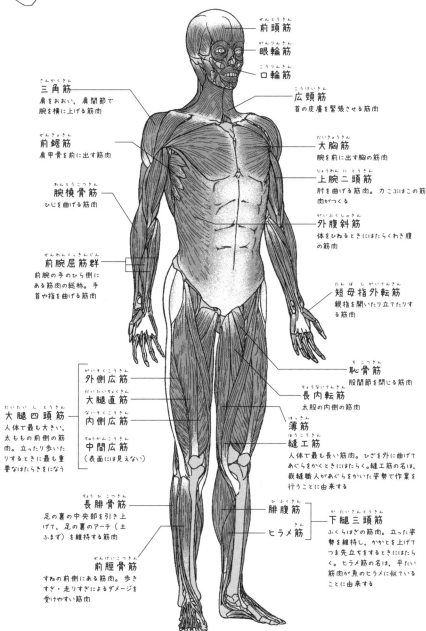

前頭筋

眼輪筋

口輪筋

三角筋
肩をおおい，肩関節で腕を横に上げる筋肉

前鋸筋
肩甲骨を前に出す筋肉

腕橈骨筋
ひじを曲げる筋肉

前腕屈筋群
前腕の手のひら側にある筋肉の総称。手首や指を曲げる筋肉

広頸筋
首の皮膚を緊張させる筋肉

大胸筋
腕を前に出す胸の筋肉

上腕二頭筋
肘を曲げる筋肉。力こぶはこの筋肉がつくる

外腹斜筋
体をひねるときにはたらくわき腹の筋肉

短母指外転筋
親指を開いたり立てたりする筋肉

外側広筋
大腿直筋
内側広筋
中間広筋
（表面には見えない）

大腿四頭筋
人体で最も大きい，太ももの前側の筋肉。立ったり歩いたりするときに最も重要なはたらきをになう

恥骨筋
股関節を閉じる筋肉

長内転筋
太股の内側の筋肉

薄筋

縫工筋
人体で最も長い筋肉。ひざを外に曲げてあぐらをかくときにはたらく。縫工筋の名は，裁縫職人があぐらをかいた姿勢で作業を行うことに由来する

長腓骨筋
足の裏の中央部を引き上げて，足の裏のアーチ（土ふまず）を維持する筋肉

前脛骨筋
すねの前側にある筋肉。歩きすぎ・走りすぎによるダメージを受けやすい筋肉

腓腹筋

ヒラメ筋

下腿三頭筋
ふくらはぎの筋肉。立った姿勢を維持し，かかとを上げてつま先立ちをするときにはたらく。ヒラメ筋の名は，平たい筋肉が魚のヒラメに似ていることに由来する

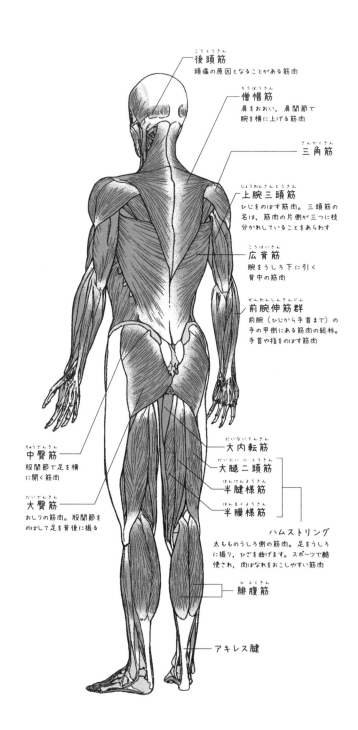

後頭筋
頭痛の原因となることがある筋肉

僧帽筋
肩をおおい、肩関節で
腕を横に上げる筋肉

三角筋

上腕三頭筋
ひじをのばす筋肉。三頭筋の
名は、筋肉の片側が三つに枝
分かれしていることをあらわす

広背筋
腕をうしろ下に引く
背中の筋肉

前腕伸筋群
前腕（ひじから手首まで）の
手の甲側にある筋肉の総称。
手首や指をのばす筋肉

大内転筋

大腿二頭筋

半腱様筋

半膜様筋

ハムストリング
太もものうしろ側の筋肉。足をうしろ
に振り、ひざを曲げます。スポーツで酷
使され、肉ばなれをおこしやすい筋肉

中臀筋
股関節で足を横
に開く筋肉

大臀筋
おしりの筋肉。股関節を
のばして足を背後に振る

腓腹筋

アキレス腱

38

筋肉もたくさんあるんですねぇ。
だいたい，いくつくらいあるんでしょうか？

骨格筋はおよそ200種類あり，その総数はなんと，約400にものぼります。

よんひゃく!?
骨も多かったですけど，骨格筋はもっと多い！

すごいでしょう。**骨格筋の重量は，体重の約40%**も占めているんですよ。

体重の半分近く！　私は体重65キロなので，65×0.4で，骨格筋は26キロくらいということですね。
筋肉って，意外と重いんだなぁ。

そうですね。ただ，もちろん，鍛えている人はこれよりも多くなりますし，運動していなければ，もっと少ないはずです。

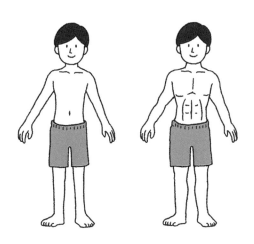

なるほど。個人差もあるわけですね。

 ところで，骨格筋には，ユニークな名前をもつものもあるんですよ。
まず，首のうしろ側から背中に広がる筋肉は，カトリック教会の，とある一派の修道士が着る外套の頭巾部分に似ていることから，**僧帽筋（そうぼうきん）**というんです。

 ## 僧侶の頭巾！

 また，太ももの裏側の筋肉は，ハムストリングとよばれます。これは豚肉のハムをつるすひも（ストリング）として，この筋肉の腱が使われたことに由来します。

 ## ハムのひも！　スポーツ番組で「この選手はハムストリングが発達してる云々」なんて解説を聞いたことありますけど，そういう由来があったんですねえ。変な由来の名前をもつ筋肉，なんだか愛着がわくな〜。

腕を動かすときにはたらく筋肉を見てみよう！

 体中の骨格筋は，どうやって体を動かしているんですか？

 骨格筋は，**収縮**するときに力を発揮します。
関節をはさんで，二つの骨にくっついた骨格筋が収縮することで，骨格を上下左右に動かしたり，回転させたりするんです。
具体的に，**ひじ**の曲げ伸ばしにかかわる筋肉を見てみましょう。

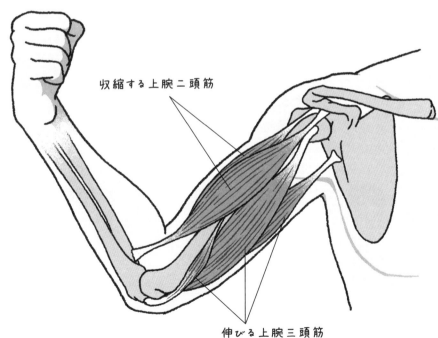

収縮する上腕二頭筋

伸びる上腕三頭筋

ひじの曲げ伸ばしには，主に上腕二等筋（じょうわんにとうきん）と上腕三頭筋（じょうわんさんとうきん）という筋肉がかかわっています。

力こぶですね！

はい，上腕二等筋が，力こぶの筋肉です。
ひじを曲げるときは，上腕二頭筋が収縮します。このとき，上腕二等筋の裏側にある上腕三頭筋はゆるむことになります。このように，骨を動かすときには，メインの原動力となる筋肉といっしょに，**近くの筋肉がその反対の動きをすることがあります。**
ひじを伸ばすときはこの逆で，上腕三頭筋が収縮し，上腕二頭筋がゆるみます。

ひじを伸ばすときと曲げるときでは，収縮する筋肉がちがうんですね。

はい。
なお，実際には，次のイラストのように腕にはもっとたくさんの筋肉があります。腕を曲げるときには，上腕二頭筋のほかに，上腕筋なんかも動きを補助しています。**単純な動作でも，複数の筋肉が協調しあっているわけです。**

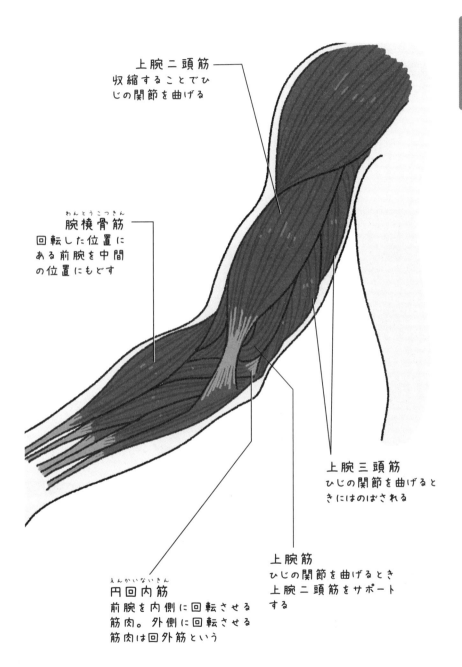

上腕二頭筋
収縮することでひ
じの関節を曲げる

腕橈骨筋
わんとうこつきん
回転した位置に
ある前腕を中間
の位置にもどす

上腕三頭筋
ひじの関節を曲げると
きにはのばされる

上腕筋
ひじの関節を曲げるとき
上腕二頭筋をサポート
する

円回内筋
えんかいないきん
前腕を内側に回転させる
筋肉。外側に回転させる
筋肉は回外筋という

筋肉が動くしくみ

筋肉が，どのようにして腕を曲げたり伸ばしたするのかはわかりましたが，そもそも筋肉はどうやって収縮して，力を生み出しているんでしょう？
「**縮む**」っていうしくみが，今ひとつイメージできないんですよねぇ。

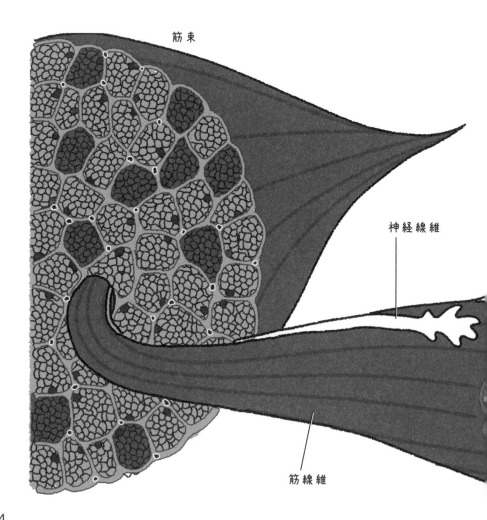

筋束

神経線維

筋線維

では，筋肉の構造をくわしく見ながら，筋肉が縮むしくみにせまっていきましょう。下のイラストを見てください。まず，私たちの筋肉は，**筋線維**という細長い線維が束（筋束）になり，それが寄り集まってできています。

きんせんい……。

筋線維の1本は，細胞一つに相当します。
太ももには，腰からひざまで伸びる**縫工筋**という筋肉があります。縫工筋の筋線維は長さが50センチメートルほどもありますが，こんなに長い筋線維も一つの細胞なんです。

細胞一つが50センチ!?

細胞ってふつう，目に見えないくらいのめっちゃ小さなものですよね？
一つの細胞が，なんでそんなに長いんですか？

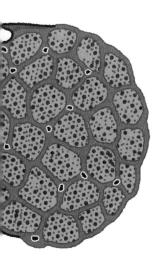

筋線維は，複数の細胞が一つに**融合**してできているためです。ですから，**1本の筋線維には，たくさんの細胞核が存在しているんですよ。**

 なるほど。筋線維って細胞がくっつきあってできていたんですね。

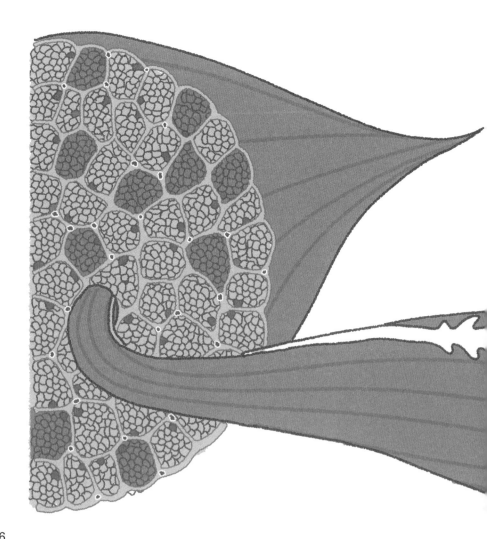

筋線維をさらに細かく見てみましょう。筋線維の中にはさらに，**筋原線維**という線維がつまっています。

線維の中にまた線維!?

はい。そしてさらに，この筋原線維は，**ミオシン線維**と**アクチン線維**という2種類の微小な線維でできているんです。どちらの線維もタンパク質でできています。

どこまで行っても線維ですね～！

はい。そしてこの，**筋原線維の中にあるミオシン線維とアクチン線維こそ，筋肉を収縮させて力を発生させる装置なんです。**

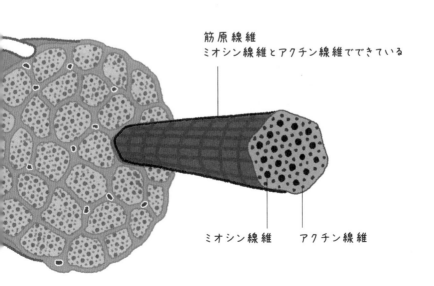

筋原線維
ミオシン線維とアクチン線維でできている

ミオシン線維　　　アクチン線維

力を発生させる装置？

 そうなんです。筋原線維の中のミオシン線維とアクチン線維を，模式的にあらわしてみましょう。

筋原線維の中では，ミオシン線維とアクチン線維は交互に重なりあって並んでいます。

神経から筋肉に命令がくると，太いミオシン線維が，細いアクチン線維をたぐりよせる反応がおきるんです！

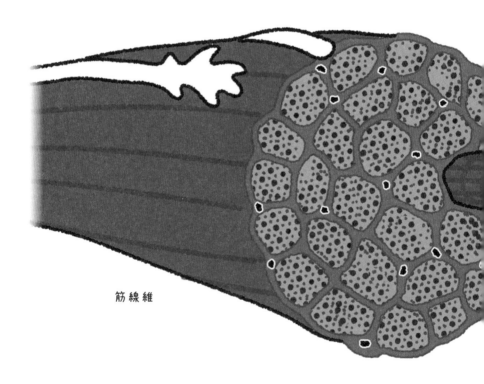

筋線維

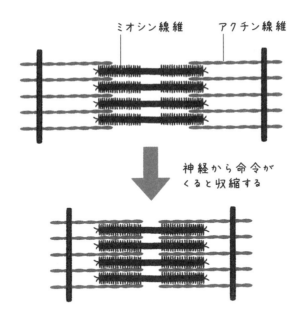

ミオシン線維　　アクチン線維

神経から命令が
くると収縮する

あっ，**全体が短くなった。**

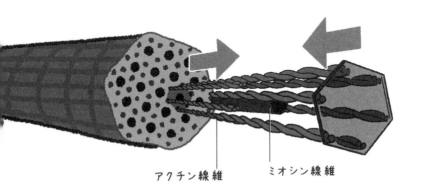

アクチン線維　　　ミオシン線維

はい，こうして，**2種類の線維がスライドすることで，筋原線維全体が短くなり，筋肉が収縮することになります。**

筋肉の収縮は，筋肉を構成する2種類の線維がおたがいに滑りあうってことなんですね！

そうなんです。
このミオシン線維が，アクチン線維を引っぱる反応にエネルギーを消費します。そして，**筋肉をちぢめるための信号が神経からこなくなると，ミオシン線維がアクチン線維を手放して，筋肉はゆるむわけです。**

わぁ～，面白いですね。筋肉が収縮するしくみは，こんな**ミクロな装置のはたらきなんですね！**

筋線維には，種類がある

ところで，さきほどの筋線維のイラスト（44ページ）では，筋束の中に色の濃い筋線維と，色の薄い筋線維がありましたが，これは何がちがうんですか？

お，いいところに気づきましたね。
実は筋線維は，大きく2種類に分類できるんです。
すばやく力強い収縮ができる速筋線維（そっきんせんい）と，弱くしか収縮できないかわりに長時間の運動が可能な遅筋線維（ちきんせんい）です。

チキン線維？

鶏じゃなくて，遅いほうの「"ち"きん」ね。
遅筋線維は，酸素をたくわえておくミオグロビンというタンパク質をたくさんもっています。ミオグロビンは赤色に見えるため，遅筋線維は赤く見えるんですよ。そして速筋線維は，遅筋線維よりも白色に見えます。
筋肉の種類にもよりますが，一般の人の場合，速筋線維と遅筋線維は，およそ1：1の割合で筋肉に含まれています。

そういえば，マラソン選手は**持久力にすぐれた筋肉**をもっていることが多い，と聞いたことがあります。
それがこの遅筋線維のことなんでしょうか？

そうですね。
すぐれたスポーツ選手の筋肉には，その種目に適したタイプの筋線維が多く存在しているといわれています。
マラソン選手は遅筋線維の割合が高く，短距離走選手は瞬発力のある速筋線維の割合が高い傾向にあるんです。

ということは，種目に適した筋線維をもてば，スポーツで活躍しやすくなるかもしれないんですね！
私，**パワータイプを目指そうかな！**
パワーにすぐれた速筋線維を増やすには，どうすればいいんでしょうか？

筋線維の割合は，生まれもった遺伝子で，ある程度決まっていると考えられています。しかし，正しくトレーニングをすれば，変えることもできるようです。

おっ，変えられるんですか!?
じゃあ，パワーリフティング選手になれるかも？

筋トレをしよう！

パワーリフティング選手は冗談にしても，最近運動できていないので，**筋トレ**には，すごく興味があります！

おっ，いいですね！
筋肉を増やすことは，単に力がつくだけじゃなくて，健康面でも**いろんな効果**があると考えられているんですよ。

53

どんな効果があるんでしょうか？

 まず，筋肉が増えると，やせやすくなります。

 ## やせやすくなる!? なぜでしょうか？

 筋肉は意識して動かしていないときでも，常にエネルギーを消費しています。 そのため，**筋肉がたくさんつくほどエネルギーの消費も増えることになり，減量が進みやすくなります。** 肥満の改善に筋トレがすすめられるのは，こういった理由からなんですね。

 ## なるほど！ 最近体重が増えてきたんですよね。
やっぱり，まずは筋肉だな！

 さらに，**筋肉には，血液中の糖をたくわえておくはたらきがあります。**
糖は，さまざまな器官で**エネルギー源**として利用されますが，血液中の糖の濃度，すなわち**血糖値**が高くなりすぎると，血管がぼろぼろになるなどの悪影響が出ます。**この血糖値の調整は，筋肉が糖をたくわえることで行われているんです。**
ですから，筋肉を増やすことは，血糖値が高い状態がつづく**糖尿病**にも効果があるんですよ。

 へぇーっ！ 筋肉ってすごい！

それから，これはまだ研究段階ですが，動いている筋肉からは，全身に影響をあたえるような，さまざまな物質が，血液中に分泌されていることが明らかになりつつあるんです。そのような物質を**マイオカイン**といいます。マイオカインの中には，脂肪の分解を促進するような物質も見つかっています。

筋肉には，いろんな可能性が秘められているんですね。ところで，そもそも筋トレをすると，なぜ筋肉は大きくなって，力がつくんですか？　私も筋トレして**マッチョになりたい！**

まず，トレーニングによって，筋肉に過剰な負荷がかかると，筋線維の中のアクチン線維やミオシン線維の原料となるタンパク質がたくさん合成されます。すると，これらの線維が増えて，その結果，筋線維自体が太くなると考えられています。

筋線維が増えるんじゃなくて，**太くなるのか！**

従来は，筋線維の数は筋トレをしても変わらないと考えられていました。しかし最近では，**トレーニングによって，新たな筋線維がつくられることもあるのではないか，と考えられています。**
ただし，筋トレによって筋肉が肥大するメカニズムは完全には解明されておらず，まだわかっていないこともたくさんあります。

筋肉って，なじみ深い組織なのに，まだまだわからないことがたくさん残っているんですね。

スマホ首になっていませんか？

最近，スマホやパソコンをずっと使っていて，**肩こりがひどいんですよ。** 筋トレをしたら，改善されるかなって思ってるんですけど。

肩こりの原因は，スマホ首かもしれませんねぇ。

スマホ首!?

はい。スマホを見るときなどに，頭を前に傾ける姿勢のことです。

人間の頭は，成人で5〜6キログラムほどもあります。だいたい**ボウリングの球と同じくらいの重さ**なんです。

うわ！ 頭って，そんなに重いんですか!?

そうなんですよ。頭が体の真上に乗っていれば，頭の重さは体全体でバランスよく支えられます。でも，**スマホなどを見ようとして頭を前に傾けると，首や肩にかかる負荷は一気に増大するんです。**

頭が体の真上にある姿勢

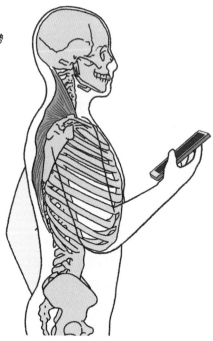

頭を60°傾けた姿勢

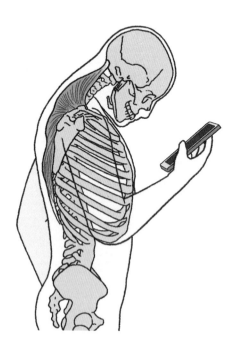

うわ～。 ちなみに，頭を前に傾けると，どれくらい負荷が増えるんでしょう？

次のような研究があります。
頭を前に15°傾けると頸椎にかかる負荷は**約12キログラム**になり，60°傾けると負荷は**約27キログラム**にまで増えてしまうといいます。

ひぇー！
頭の重さの約5倍も負荷がかかる！

はい。首のうしろや肩にある僧帽筋などに大きな負荷がかかることで，肩こりや首の痛みの原因になります。

私の肩こりの原因は，スマホ首だな……。

さらに！
頸椎は本来，頭が体の真上に乗るようにゆるやかにカーブしています。
ところが，**頭を前に傾ける時間が長いと，頸椎のカーブが失われ，「ストレートネック」になってしまうんです。**

ストレートネックになると，どうなるんでしょうか？

ストレートネックは，**頭痛や肩・首のこり**をまねくだけでなく，将来的には**歯のかみ合わせの悪化や誤嚥**（食物などが気管に入ってしまうこと）をおこしやすくなるおそれもあります。

正常な頸椎 ストレートネック

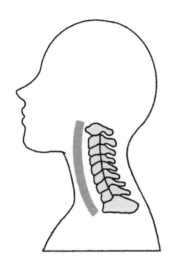 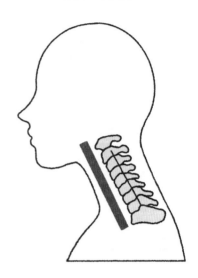

 肩こりだけじゃないんですか！
そういえば，最近，「姿勢が悪くなったね」
っていわれることが多いような気がします。

 それは危険ですね……。

 # ど，どうすればいいんでしょうか？

 スマホなどを見るときには，**頭を前に傾けるのではなく，頭が体の真上に乗る姿勢を保つよう心がけてください。**
また，首や肩まわりの**ストレッチ**を行うことも効果的
でしょう。

STEP 2

 全身をおおう皮膚と毛

全身をおおう皮膚は，人体を病原体や異物から守る強力なバリアです。刺激をキャッチしたり，体温を調節するなどの，重要な役割もにないます。

皮膚は，機能のちがう三つの層でできている

 STEP2では，私たちの体をおおう**皮膚**についてくわしく説明していきましょう。

 皮膚ですか。筋肉みたいに体を動かしてるわけでもないし，皮膚って，はたらいてるイメージがないなぁ……。

 とんでもない！　そんなことはありませんよ。
皮膚は体のいちばん外側で，細菌や有害な物質などが体内に侵入するのを防ぐバリアとしてのはたらきをもっているんです。
さらに，外界からの刺激をキャッチする**センサー**の機能や，汗をかいて**体温調節**する機能など，皮膚は，ヒトが生きていくのに欠かせない，さまざまな機能をになっているんです。

 へぇ，実は皮膚ってすごいんですね。たしかに，体全体をおおっているんだもんなぁ。

そうですよ〜！

成人の皮膚は，表面積にすると，**約1.6平方メートル**ほどです。畳1畳よりもやや広いくらいですね。

皮膚は，外側から**表皮**，**真皮**，**皮下組織**という三つの層からなっています。

そして，それぞれの層には，私たちの体と外界との接点の役目を果たすべく，さまざまな**細胞**が存在しているんです。

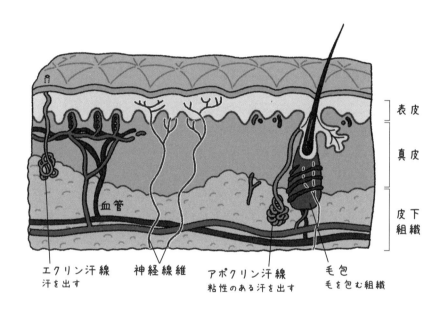

血管

エクリン汗線
汗を出す

神経線維

アポクリン汗線
粘性のある汗を出す

毛包
毛を包む組織

表 皮

真 皮

皮 下
組 織

皮膚って，３層構造なんですね！
知らなかった！

はい。そして，それぞれの層には，それぞれ特徴があります。順番に説明しましょうね。
まず，一番外側の層，「表皮」です。

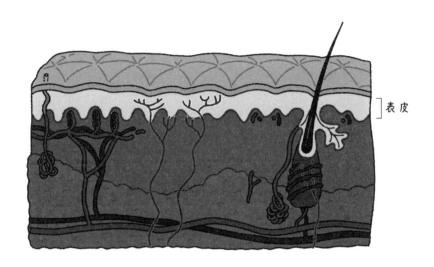

］表皮

表皮の最も深い部分には基底細胞(きていさいぼう)という細胞があります。基底細胞はさかんに分裂して新たな細胞を生み出しています。生み出された細胞は，どんどん外側へと押し上げられていきながら，ケラチンとよばれる固いタンパク質を蓄積していきます。やがて，角質細胞という，平たい死んだ細胞になります。**この角質細胞が，皮膚の表面をきっちりとおおうことで，外界から病原菌が侵入するのを防いでいるんです。**
角質細胞が表皮の表面まで到達すると，垢として体の表面からはがれていきます。

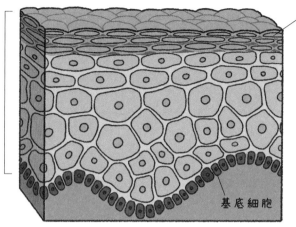

角質細胞

表皮

基底細胞

 表皮は，病原菌から体を守ってくれているんですね。
もし，ケガをして表皮が傷ついたらどうなるんですか？

 そんなときのために，表皮には，体内に進入してきた病原菌を撃退する**ランゲルハンス細胞**という免疫細胞がいます。
さらに，表皮の下の真皮にも，病原菌を食べる**マクロファージ**や，免疫細胞を動員する**肥満細胞**（マスト細胞）などが待機して，体の最前線で**防御の戦い**をするんですよ。

 そんなすごい防御機構が備わっているなんて。
まさに**バリア**ですね。

すごいでしょう。

次に，表皮の下の**真皮**について見ていきましょう。表皮と真皮をあわせた厚さは**1～4ミリメートル**で，それぞれの層の厚みは，体の部位によって大きくことなっています。

真皮

そんなに薄いのか～。表皮がバリアだとしたら，真皮にはどんな機能があるんですか？

真皮には，強度をあたえる**コラーゲン線維**と，弾力をもつ**弾性線維**が，網の目のように走っています。**真皮のおかげで，皮膚は押されたりのばされたりしても簡単にはこわれないようになっているんです。**

しわのない皮膚

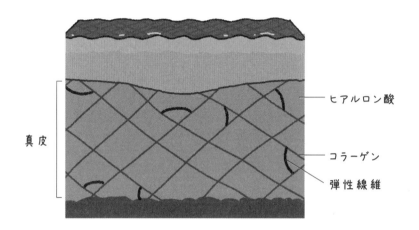

真皮

ヒアルロン酸

コラーゲン

弾性線維

　真皮は，皮膚に強度をもたらしているんですね。

　はい。そして，**真皮は肌のハリをあたえる役割もになっ
ています。**
紫外線によって真皮内の線維が切れたり，老化によって
線維の合成が低下することが，しわの原因になります。

しわのある皮膚

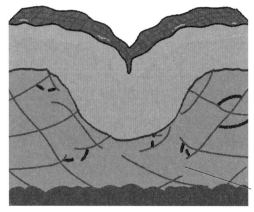

線維が切れる

 しわは，真皮の線維がこわれてできていたんですね。気をつけなきゃ。

 さらに，真皮にはさまざまなセンサーが埋め込まれているんですよ。

 # センサー？

 はい，感覚受容器ですね。**皮膚では，へこみ，痛み，温度などを感知しますが，これらの情報は，真皮に埋め込まれた感覚受容器で受け取られるんです。**そして，受け取った情報は，脊髄や脳に送られます。
手足に痛みを受けると反射的に体をひっこめるのは，痛覚が危険信号となり，脊髄から筋肉に指令が出されるためです。

いわれてみると，熱い！ とか，痛い！ とか，皮膚はいろんな刺激を受け取ることができますね。

ね，すごいでしょう。

それじゃあ，最後は皮膚の最下層です。ここには，真皮を骨や筋肉につなげる**皮下組織**があります。

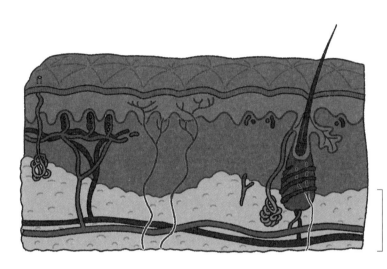

皮下
組織

最下層はいったいどんなはたらきをしているんでしょうか？

ここには，たくさんの**脂肪**がたくわえられています。そのため，**皮下組織は弾力があり，外界から受ける衝撃をやわらげるはたらきがあります。**

クッションみたいなはたらきをするんですね。

その通りです。さらに，皮下組織の脂肪はエネルギーを生みだす燃料となります。つまり，**皮下組織はエネルギーの貯蔵庫にもなっているわけです。**

人体の燃料貯蔵庫は，なんと皮膚にあったんですね！

暑いときに皮膚が赤くなるのは，体温調節のため

皮膚は，外敵や異物が体内に入ることを防ぐバリアです。でも，それだけではなく，**皮膚には，体温を一定に保つはたらきもあります。**

体内の熱を逃さないようにしている，ということでしょうか？

皮膚は，もっと積極的に**体温のコントロール**に関わっているんですよ。まず重要になるのが**汗**です。

たしか，汗には体温を下げるはたらきがあるんですよね？

はい。その通りです。

汗は，真皮の深層から皮下組織にある**エクリン汗腺**でつくられて，管を通って皮膚表面の小さな穴から分泌され，蒸発します。

水分は，蒸発するときに，接しているものから熱を吸収します。この，吸収される熱を**気化熱**といいます。

汗をかくと，汗が皮膚から蒸発するときの気化熱によって，体から熱を逃がすことができるのです。

暑いときの皮膚

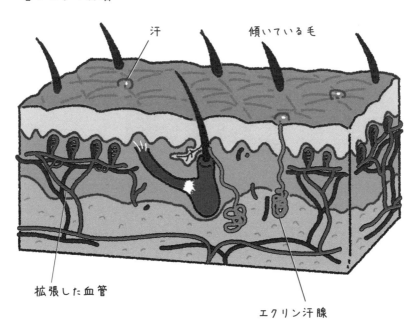

汗

傾いている毛

拡張した血管

エクリン汗腺

そういえば，私，**辛いもの**に敏感で，トウガラシの入った料理を少しでも口にすると**汗**が吹き出てくるんです。暑くもないのに，あれはなぜですか？

温度刺激を受け取る舌の神経が，トウガラシの成分にも反応してしまうんです。その結果，「暑い」という情報を脳に送り，脳から「汗をかけ」という指令が出るんです。

なるほど～。**脳が勘違いしてしまうんですね。**

温度をコントロールするために使うのは，汗だけではありません。たとえば，**お風呂上がりの顔は赤くほてりますね。これも熱を逃がすためのしくみなんです。**

顔がほてることも？

 はい。**暑くて体温が上がりそうなときは，皮膚の毛細血管が拡張します。**その結果，皮膚を流れる血液が大幅に増加します。血液は体内の熱を運んでいるので，皮膚表面の血管から熱を逃がしているんです。このとき皮膚表面の毛細血管や細静脈を流れる大量の血液の色が皮膚からすけて見えるため，肌は赤くほてって見えます。

 なるほど。顔がほてってるときは，熱を逃がすために，たくさんの血液が皮膚内に流れている状態なんですね。では，反対に寒くなると，皮膚内に流れる血液はどうなるんだろう？

寒くなると，皮膚に血液を送る動脈が収縮し，皮膚内を流れる血液量が減ります。すると，皮膚表面の血管を流れる血液量も減って，皮膚から赤味が失せて青白くなります。

寒いときの皮膚

直立する毛

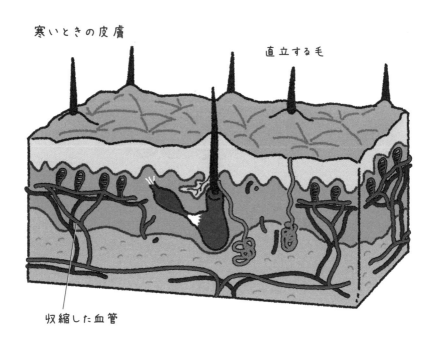

収縮した血管

なるほど。
あと，寒いときって，鳥肌が立ちますけど，あれも温度調節となにか関係があるんでしょうか？

体毛の長い動物では，鳥肌で立ち上がった毛が空気の層をつくり，熱を逃がさないようにします。そのなごりで，ヒトも鳥肌が立つんでしょう。

乾燥は，お肌の大敵

最近，自炊生活でお皿洗いを頑張っているせいか，**手荒れ**が気になるんですよね。

おや，肌が荒れると，皮膚のバリアとしての機能が失われてしまうので，よくないですね。
肌荒れを防ぐには，皮膚を乾燥から守ることがたいせつです。

もう，手がガッサガサで。なぜ皮膚を乾燥から守る必要があるんでしょうか？

表皮表面の角質細胞の間は，多くの**水分**で満たされています。また，角質細胞の中にも，水分を保持する物質が含まれています。
そして表皮の外側は通常，**皮脂**でおおわれていて，**皮膚の表面から水分が蒸発するのを防いでいるんです。**

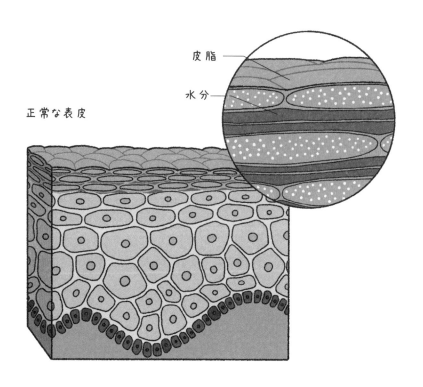

皮脂 ——

水分 ——

正常な表皮

 ひし？ 油？

 はい。皮脂は，毛穴にある**皮脂腺**から分泌される**トリ
グリセリド**などの脂質です。
ところが，洗剤を使って水仕事をしたり，お風呂で体を
洗いすぎたりすると，皮脂が失われることがあります。
すると，角質層内の水分が蒸発して失われやすくなり，
その結果，皮膚が乾燥して肌荒れにつながってしまうん
です。

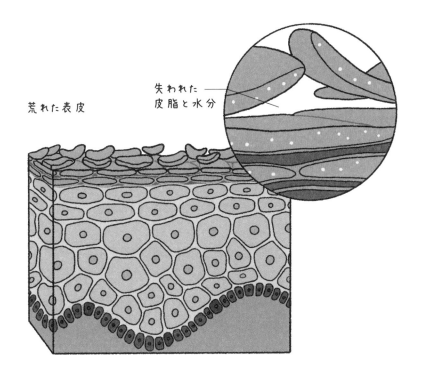

荒れた表皮

失われた
皮脂と水分

 でも，お皿洗いをやめるわけにはいかないんです！
どうすれば肌荒れを予防できるんでしょう？

 肌荒れを予防するためには，**保湿剤**をこまめに使うのが
よいでしょう。保湿剤には，「グリセリン」など，皮脂の
代わりとなる成分が含まれていて，皮膚の表面から水分
が失われにくくするはたらきがあります。
肌荒れが気になるときは，水仕事のあとやお風呂上がり
などに保湿剤を使って皮膚の油分を適度に保ち，皮膚の
乾燥を防ぎましょう。

早速薬局で買ってきます！

とくに乳幼児では，荒れた皮膚から食物アレルギーの原因物質を吸収してしまって，食物アレルギーを発症するケースがあります。

皮膚から食物アレルギーを発症？

はい，これを経皮感作といいます。
皮膚から食物を吸収することで，その物質に対してアレルギーをもつ体質になってしまうのです。
アトピーをもっているなど，もともと肌が荒れやすい子供はとくに，クリームなどを塗って皮膚を守るのが重要です。

皮膚のバリア機能，大事ですね！

髪は皮膚が変化したものだった！

じゃあ次は，皮膚から生えている**つめ**と**毛**について見ていきましょう。これらは，表皮の細胞が変形したものなんですよ。

ええっ!? 表皮が変形したもの？
硬さとか見た目とかぜんぜんちがいますけど？

毛の細胞や，つめの細胞は，表皮の細胞と同じく**ケラチン**で満たされた死んだ細胞です。ただし，表皮のケラチンとは成分が少しことなり，硬いのです。

へーっ，**つめや髪は，死んだ細胞でできているんですね！**
ところで，つめをよく見ると，根元の白い部分，真ん中の部分，先っぽと，色がちがいますよね。これはなぜなんですか？

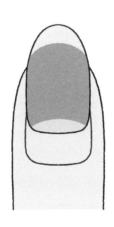

79

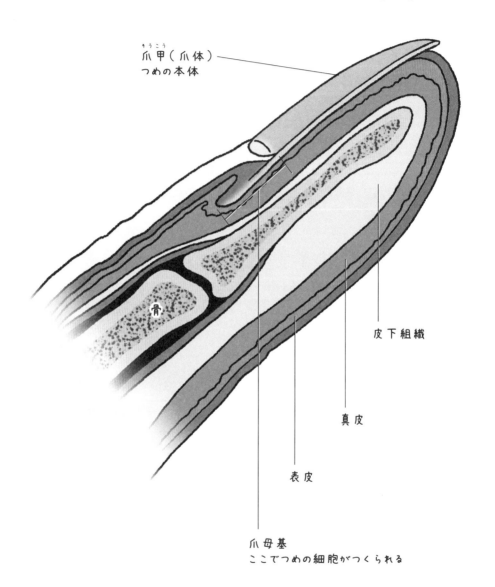

指の断面

爪甲（爪体）
つめの本体

骨

皮下組織

真皮

表皮

爪母基
ここでつめの細胞がつくられる

左のイラストを見てください。つめの付け根部分の白っ
ぽく見える部分は，爪母基（そうぼき）といいます。この部分で細胞
が増殖しています。
増殖した細胞が先端方向にどんどん押しやられて，つめ
は伸びていくんです。

じゃあ，先端の白い部分は？

つめ自体は本来，半透明の白色をしています。
つめと皮膚が接している部分では，皮膚の毛細血管の色
がすけて見えるために，ピンク色に見えているんです。
一方，先端部分は皮膚と接していないため，皮膚の毛細
血管から水分の供給がなく，乾燥して不透明な白色にな
ります。

へえ〜っ！ つめも奥が深い。

若い人でも，毎日100本の髪がぬける

30手前の男としては，**髪がどのように生え
るのか**っていうのも気になるところですね。これも
表皮が変形したものだったんですね。

そうですね。では，毛の根元の構造を見てみましょう。

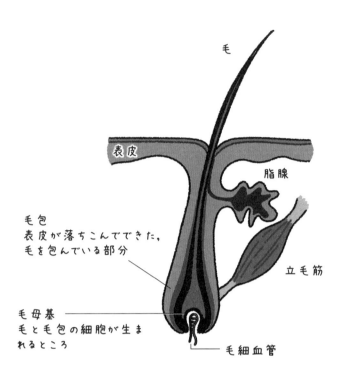

毛

表皮

脂腺

毛包
表皮が落ちこんでできた，
毛を包んでいる部分

立毛筋

毛母基
毛と毛包の細胞が生ま
れるところ

毛細血管

 毛は，表皮が落ちこんでできた**毛包**という組織に包まれ
ています。そして毛の下端にある**毛母基**という場所で，
毛や毛包になる細胞が増殖しています。毛母基で分裂し
た細胞はどんどん上に押し上げられていきながら，ケラ
チンをたくわえ，硬い髪になっていくんです。

 なるほど，毛母基で細胞が増えて，どんどん押し上げら
れて，髪は伸びていくのか。**髪が伸びる速度
ってどれくらいなんですか？**

 活発に細胞が分裂している成長中の毛髪であれば，1か月
に約1センチメートル，1年間で約15センチメートル伸
びます。

ということは，10年間床屋に行かなければ，1.5メートルの長髪に!?

 実は，髪には寿命があって，ある程度の期間で抜けて新しく生え変わってしまうんです。
下の図は，毛が生え変わる周期をあらわしたものです。

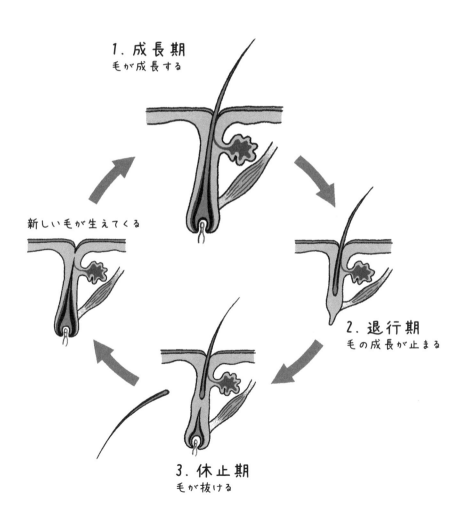

1. 成長期
毛が成長する

新しい毛が生えてくる

2. 退行期
毛の成長が止まる

3. 休止期
毛が抜ける

髪は，さかんに毛が伸びる**成長期**，毛母基の細胞分裂が止まって毛が伸びなくなる**退化期**，そして毛が脱落に向けて皮膚の表面に上がってくる**休止期**をくりかえしているんです。

抜けたり生えたりのくりかえし！
髪の成長期から休止期までの1サイクルは，だいたいどれくらいの期間なんですか？

 おおよそ2～6年ほどです。そのうち**成長期が90%**を占めます。
成人では**約10万本**の髪の毛が生えていて，**1日あたり100本程度が抜けている**ことになります。

 あぁ，100本くらい抜けるのは自然なことなんですね。**安心しました……。** 男性は大人になると薄毛が進行することが多いですけど，なぜ髪の毛が少なくなるんでしょうか？

最も多い薄毛は，**男性型脱毛症**というタイプのものです。**前髪の後退や，頭頂部が薄くなる一方で，側面や後頭部に髪が残るのが特徴的です。** 成人男性全体の約30%が男性型脱毛症を発症しており，その比率は年齢を重ねるにつれて増えていきます。

ただし！　男性型脱毛症は，**髪の毛が減るのではないんです！**

えっ !?　いや薄くなるんだから，本数減っているでしょう。

実は，男性型脱毛症では，本来2〜6年ある毛髪の成長期が極端に短縮されてしまい，休止期でとどまる毛包が増加することが原因なんです。

つまり，成長期が短いために，太くて硬い毛に成長しきれず，産毛のように細くてやわらかい毛ばかりに変わってしまいます。これが男性型脱毛症の正体です。

そうなんですか!?

ですから，男性型脱毛症の患者の頭皮には，産毛のような毛が生えているはずですよ。

ただ，髪の毛が頭皮の表面にあらわれるまでには7〜8ミリメートル伸びなければならないため，重度の男性型脱毛症の場合，この長ささえも伸びることができずに，髪の本数が減ったように見えてしまうんです。

本当は髪はあるのに，表面に出てこないだけ，ということなんですね！

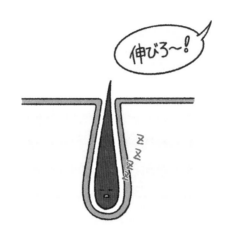

伸びろ〜！

そう，成長が問題なんです。

女性は男性型脱毛症にはならないんですか？

女性に多い薄毛のタイプも男性型脱毛症に似ているため，従来，**女性男性型脱毛症**などとよばれてきました。しかし，男性の男性型脱毛症とはことなる点も多く，女性の薄毛にはまだわかっていないことが多くあります。

なるほど〜。
"皮膚ははたらいてるイメージがない"なんて，ほんと，とんでもない。私たちは，**ものすごい高性能なバリアを装着しているんですね！**
それに，髪の毛やつめにも，それぞれ面白い特徴があるんですね〜。

X線を発見, ヴィルヘルム・レントゲン

　ヴィルヘルム・レントゲン（1845 ～ 1923）は，現在の医療診断に欠かせないX線を発見した物理学者です。X線の発見は，放射線研究の幕開けとなる，物理学の重要な発見でもありました。

　ヴィルヘルム・レントゲンは，1845年，ドイツ西部のレンネップで生まれました。3歳のときに，オランダに移り住み，ここで初等教育を受けました。卒業間際，友人がいたずらをし，友人をかばったレントゲンは先生の機嫌を損ねてしまいます。そのため，ドイツやオランダの大学進学に必要なギムナジウムへの進学ができなくなりました。結局，レントゲンは，ギムナジウムの卒業資格を必要としないスイス，チューリッヒのポリテクニウム（のちのチューリッヒ工科大学）に入学し，機械工学を専攻します。

未知の光線が蛍光板を光らせた

　1895年，ヴュルツブルク大学の教授だったレントゲンは，陰極線管（電圧をかけて放電をおこすための真空の管）を使った研究を行っていました。ある日，実験を行っていると，偶然，シートで覆った陰極線管の近くにおいてあった蛍光板が光っていることに気づきました。レントゲンは，この現象を見て，何か未知の光線が陰極線管から飛び出して，蛍光板を光らせているにちがいないと考えました。未知の光線の性質を明らかにするため，ベッドを研究室にもちこみ，数週間徹底的に研究を行いました。

実験を重ねたレントゲンは，この未知の光線は，木や紙などほとんどの物質を通過するものの，人の骨や金属物質を通過しないことを明らかにしました。さらに蛍光板のかわりに写真乾板を使うと鮮明な透過画像を得られることを発見しました。これこそ今でいうレントゲン写真です。レントゲンが妻ベルタの手の骨をX線で撮影したところ，妻の手が透け，骨と結婚指輪だけがくっきりととらえられました。

レントゲンは，この未知の光線をX線と名づけ，論文を発表します。発表直後から新聞で大々的に報じられるなど，世界中の大きな関心を集めました。すぐさま医療への応用がなされ，とくに第一次世界大戦の際には，骨折を診断したり，体に埋まった弾丸や銃弾の位置を特定するために活躍しました。

1901年，X線発見の業績により，レントゲンに第1回ノーベル物理学賞が贈られます。レントゲンはこのときの賞金を全額ヴュルツブルク大学に寄付しました。なお，レントゲンはX線の発見で大きな注目を集めたにもかかわらず，わずか2年ばかりでX線の研究はやめてしまいました。

2

時間目

消化の旅

口から大腸へ

体は，食べ物から栄養を得て活動しています。では，体はどうやって栄養分を吸収しているのでしょうか？　ここでは，食べ物が口から入り，出ていくまでのしくみを見てみましょう。

食べ物を消化する10メートルの道のり

2時間目のテーマは，ずばり，**消化**です！

いよいよ胃とか腸とかですね！　人体といえば，やっぱりこういう器官ですね～。

ふふふ，そうですね。
私たちは毎日，食べ物から栄養素を体に取りこむことで，体を形づくる材料となる物質や，生きるためのエネルギーを得ています。

食べるの大好きです！　私，毎日3食欠かさず食べますよ。食べたものが，ヒトの体をつくって，さらにエネルギーになっているんですよね。それくらいは知っています。

 その通り。ただし，食べ物に含まれる栄養素は，そのままの形では体に吸収することができません。そのため，私たちの体は，食べ物を細かくしたり，化学反応によって分解したりして，栄養素を吸収できる形に変えているんです。

これが，消化です！

 ふむふむ。

 私たちが食べたものは，「口腔」「食道」「胃」「小腸」「大腸」という，約10メートルもある，曲がりくねった長いひとつづきの管を旅します。この管を消化管といいます。

 # 10メートルも!?
私の身長の何倍も長い！

長いでしょう？ そんな管が，体にうまく収まっているんですよ。さらに，**消化管には，食べ物を分解するための消化液を分泌する「膵臓」「胆嚢」「肝臓」などがくっついています。**

これらの，消化にかかわる器官をまとめて消化器といいます。

え，しょうかき？

あ，火を消す方じゃないですよ。
次のページのイラストで示したのが，消化器です。
食べ物はまず口でかみくだかれます。それから，胃でドロドロの状態にされ，小腸へ送られます。

ちょ，ちょっと待ってください。イラストを見ると，胃と小腸の間には，膵臓とか胆嚢とかありますよ？

食べ物は，消化液と混ざり合うことで分解が進められるのですが，その消化液は膵臓や胆嚢などからも出るんですよ。 そして，小腸では栄養素と水分の多くが吸収されます。その後に，大腸で食べ物に残る水分が吸収されて，最終的に便がつくられます。

消化の旅は，大腸で終わる。

口にした食べ物が便として排泄されるまで，どれくらいの時間がかかるんでしょうか？

口に入った食べ物は，約24〜72時間後に便として肛門から排泄されます。食べ物が各消化器を通る時間は96〜97ページのイラストの通りです。

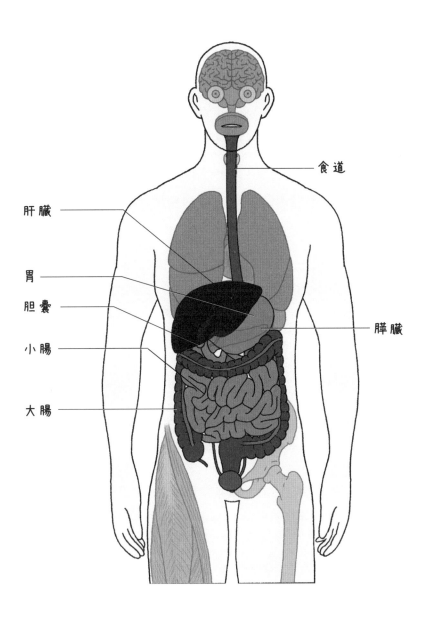

食道

肝臓

胃

胆嚢

小腸

大腸

膵臓

食べ物が各消化器を通る所要時間

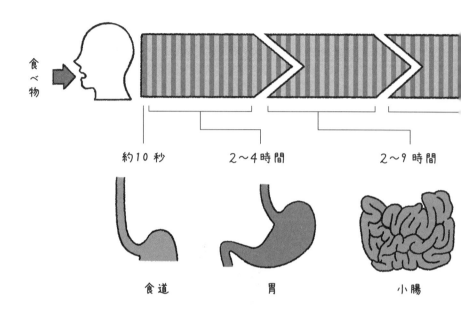

食べ物

約10秒　　　2〜4時間　　　2〜9時間

食道　　　　胃　　　　　小腸

長旅だな〜。 大腸でかかる時間が一番長いんですね。それで，吸収された栄養素はどうなるんですか？

主に小腸で吸収された栄養素は，最初に**肝臓**へ運ばれて化学的な処理がほどこされたあと，肝臓にたくわえられたり，血液に乗って全身へ運ばれたりします。

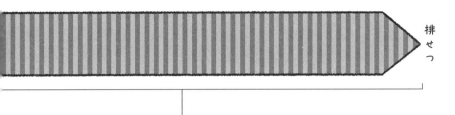

排せつ

15〜30時間

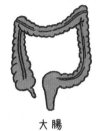

大腸

 そうか，大腸で消化の旅は終わるけれど，かんじんの栄養は，まず肝臓へ送られるんですね。
ところで鳥のレバー，美味いですよね！

消化は口からはじまる

では，ここからは**消化の道のり**を各ステップごとにくわしく見ていきましょう。まずは口からスタートです。

消化の旅は，口からはじまるんです。

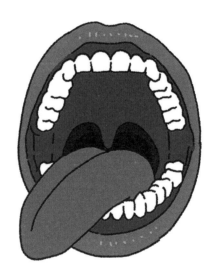

内臓じゃなくて，口？ ちょっと意外。

口の中に入った食べ物は，まず歯で細かくかみくだかれます。そして口の中では，ある**消化液**が活躍するんです。

98

口の中に消化液なんてあるんですか？
胃液が上がってくるわけじゃないですよね？

口の中で活躍する消化液とは，**ずばり唾液**です。
唾液には，いくつかの役割があります。
一つ目の役割は，ご飯やパンに多く含まれる炭水化物の分解です。唾液の中には**アミラーゼ**という**消化酵素**が含まれていて，炭水化物を分解するんです。

唾液って消化液だったのか。
ところで，消化酵素とかアミラーゼって何ですか？

消化酵素というのは，特定の栄養素を分解する機能をもった**タンパク質**のことです。
炭水化物は，糖がいくつもつながった構造をしています。
唾液に含まれるアミラーゼは，糖のつながりを切断し，炭水化物を細かく分解するんです。

炭 水 化 物

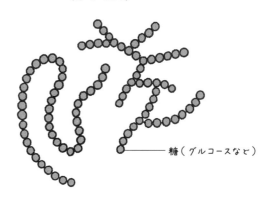
—— 糖（グルコースなど）

炭水化物は唾液によって分解されていたのか。
唾液にはほかにも役割があるんですか？

唾液の第二の役割は，歯で細かくすりつぶされた食べ物とまざり合うことでやわらかくして，のどと胃を結ぶ食道を通りやすくすることです。
唾液には**粘り気のあるタンパク質**（ムチン）が含まれており，これが食べ物とまざることで，食道を進むときの潤滑剤となるんです。

ほお。

ほかにも，唾液には，歯の間に残った食べかすを洗いながしたり，殺菌作用のあるタンパク質（リゾチーム）で細菌の繁殖を防いだりして，口の中を清潔に保つはたらきもあります。
さらに，口内のpHを中性にして虫歯を防いだり，口の動きをなめらかにして，言葉を発しやすくしたりするはたらきもあります。

唾液って汚いってイメージがありましたけど，**いい仕事してますねぇ。**

なかなかでしょう。

唾液は，1日にどれくらい分泌されているんですか？

およそ1〜1.5リットルほどが分泌されています。

 うわー，**そんなに大量に!?**

 唾液はつねに一定量が分泌されているわけではなく，食事のときに多く分泌されます。食事のときの分泌量は，1分間に約4ミリリットルほどです。

 唾液って，意外とたくさん分泌されていたんですね。唾液はどこでつくられているんでしょうか？

 唾液は，左右の耳の下や，舌の下などにある**唾液腺**（耳下腺，顎下腺，舌下腺）という器官でつくられます（次のページのイラスト参照）。

 専用の器官があるんですね。

 大きな唾液腺の出口は，ほおの内側や舌の付け根に開いていて，肉眼でも確認できますよ。
ちなみにリラックスして食事をしているときには，**さらさらの唾液**を多く出すように脳から指令が来ます。一方，緊張したときなどは唾液の全体量が減る一方で，タンパク質の分泌量は増えます。そのため唾液の粘性が上がり，口の中が**ねばねば**するんです。

 たしかに！　人前で話すときとか，口がカラカラになることありますよ。唾液って，状況によって粘り気がかわるんですね。面白い！

2
時間目

消化の旅

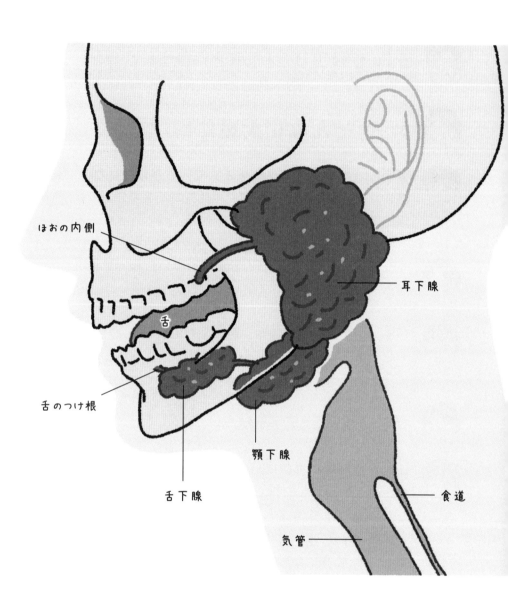

ほおの内側

舌

舌のつけ根

舌下腺

耳下腺

顎下腺

食道

気管

歯は，めっちゃ硬い

口の中の歯についても，簡単に見ておきましょう。歯には，食べ物を噛み切る犬歯や切歯（ヒトの前歯），食べものをすりつぶす臼歯など，複数の形状があります。

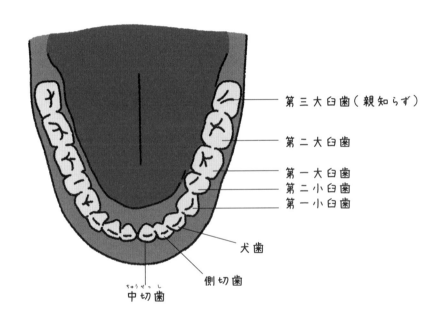

第三大臼歯（親知らず）

第二大臼歯

第一大臼歯
第二小臼歯
第一小臼歯

犬歯

側切歯

中切歯

歯って，いろいろな種類がありますね。ところで，歯ってすごく硬いですよね。
いったいどんな構造をしているんでしょう？

歯は**象牙質**で形づくられています。さらに，歯ぐきから出ている部分は，表面を**エナメル質**がおおっています。どちらも硬く，**リン酸カルシウム**が主成分です。とくに表面のエナメル質は，**水晶に匹敵する硬度**をもちます。

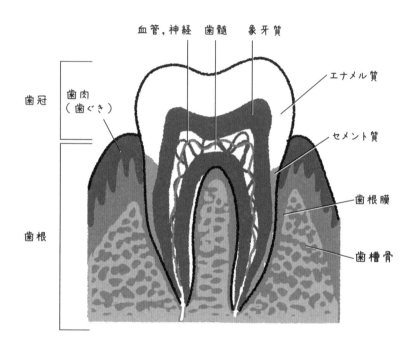

血管,神経　歯髄　象牙質

エナメル質

歯肉（歯ぐき）

歯冠

セメント質

歯根膜

歯槽骨

歯根

硬！　でも，象牙質の内部は空洞なんですか？

はい。
ここは，歯髄（しずい）とよばれる，組織で満たされている部分です。神経や血管が通っています。

歯の神経，ってところですね。そういえば私，この間の歯科検診で，**虫歯**と**歯周病**が見つかったんですよ～（泣）。

虫歯と歯周病は，どちらも**ある種の感染症です。**

えっ!? 感染症？

はい，**虫歯や歯周病はそれぞれ，原因となる細菌の増殖が原因でおこるのです。**

まず，虫歯の原因となる**虫歯菌**は，食事で口内に入ってきた炭水化物を使って，ネバネバした物質，**グルカン**をつくります。グルカンを足場に虫歯菌が増殖したのが，**歯垢**です。

歯垢の中の虫歯菌は，食物中の糖質を分解して，乳酸などの**酸**をつくり出します。この酸が，歯の表面のエナメル質や象牙質をとかしてしまうんです。

ぎゃー！ ど，どうすればいいんでしょうかっ!?

食事によって酸性に傾いた口内は，**歯磨き**をして，歯垢を除去したら，唾液によって中性にもどります。さらに唾液中にはリンやカルシウムが含まれているので，溶けた部分は修復されます。

虫歯は唾液で勝手に治る？

なんだ，よかった。じゃ，急いで歯医者に行く必要ないですね。怖いし！

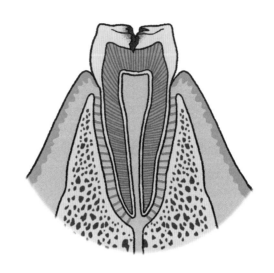

いいえ，歯医者に行かなきゃダメです。

唾液が歯を修復するといっても，ごくわずかです。
ですから，溶けた部分が大きくなると，人工的に埋めないと治らないでしょう。

うむむ。やっぱダメか。観念して歯医者行きます……。
では，歯周病はどんなものなんでしょうか？

歯周病は，歯周病菌という細菌の感染によって引きおこされます。
歯周病菌は，タンパク質を分解する酵素を出して，歯茎の細胞間隙を広げながら内部に侵入します。

こ，怖いな～。

すると，歯周病菌を除去するための好中球<ruby>好中球<rt>こうちゅうきゅう</rt></ruby>やマクロファージといった免疫細胞が集まってきて，**歯周病菌との戦い**が行われることになります。

歯周病菌をやっつけてくれるんですね！

うーん，歯周病菌と免疫細胞との間におこる戦いでは，**歯周病菌だけでなく，歯茎の細胞までも破壊されてしまうんです。** さらに，戦い（免疫反応）が長期化すると，骨を吸収する破骨細胞まで活性化され，歯茎の骨が減っていってしまいます。

こうして，**歯周病になると，歯茎で炎症がおきて組織や骨の破壊が進んでいくんです。**

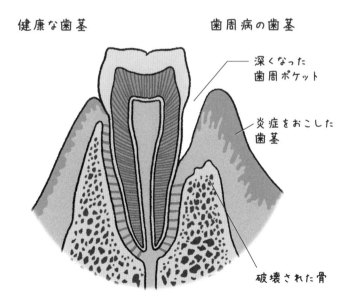

健康な歯茎　　　　　　歯周病の歯茎

深くなった歯周ポケット

炎症をおこした歯茎

破壊された骨

聞けば聞くほど恐ろしいですね。ちゃんと歯磨きをして，歯医者で治療してもらうようにしよう！

ええ，それが一番です。
近年では，歯周病が，全身に悪影響をあたえることも明らかになりつつあるんですよ。

全身に悪影響を？

はい。歯周病によって，**心筋梗塞**，**脳梗塞**，**動脈硬化**，**糖尿病**，**細菌性肺炎**などが引きおこされることがあるようなのです。

口の細菌が，いったいなぜ全身に影響を？

歯茎の血管に入りこんだ歯周病菌が，血流に乗って，向かった先々で炎症をおこしたり，沈殿物をつくって血流をつまらせたりすることがあるようなのです。
また，歯周病菌と免疫細胞との間でおきる免疫反応も，体に悪影響をおよぼすことがあります。

たんなる歯や歯茎の疾患にとどまらないんですね。
歯周病，おそるべし。

逆立ちしても，食べ物は胃にたどりつく

かなり脱線しましたが，食べ物がどのように消化される
のか，消化の旅にもどりましょう。

口を通過した食べ物は，次に，**食道**に送られます。

のどには，胃に食べ物を送る食道と，肺に空気を送る気
管という，二つの管が連結しています。

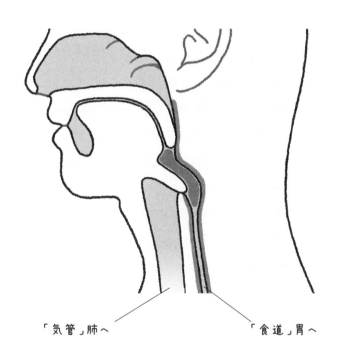

「気管」肺へ　　　　　　　　「食道」胃へ

のどには，食道と気管が連結しているのに，なぜ食べ物は気管に行かないようになっているんですか？

イラストを見てみてください。食べ物が通らないときは，空気を通すために気管の入り口だけが開いています。
そして，**食べ物が通るときは，気管の入り口にふた（喉頭蓋）がされて，一時的にふさがれます。**
同時に食道の入り口の筋肉がゆるんで，食道が開通し，食べ物は食道へと進みます。

1. 軟口蓋が上がって鼻への通路をふさぎ，喉頭蓋が気管の入り口をふさいで，食べ物は食道へ。

2. 食べ物のかたまりの前方（胃側）がゆるみ，後方（口側）の筋肉が締まることで胃へと進んでいきます。

3. 食べ物が近づくと下部食道括約筋がゆるんで，胃の入り口（噴門）が開いて流れこみます。

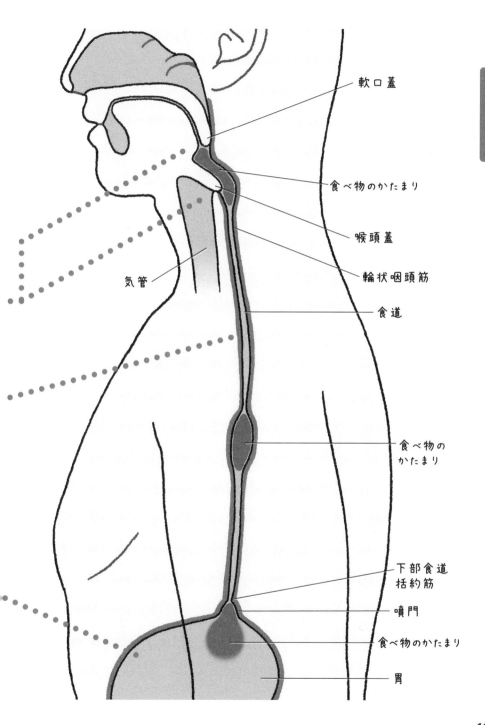

軟口蓋

食べ物のかたまり

喉頭蓋

輪状咽頭筋

食道

気管

食べ物の
かたまり

下部食道
括約筋

噴門

食べ物のかたまり

胃

たまに，ご飯がへんなところに入ってむせることがあります。あれは食道じゃなくて気管に入ったから？

そうです。

食道って，だいたいどれくらいの大きさなんですか？

食道は，外径約2センチメートル，長さ約25センチメートル，厚みは4ミリメートルほどの管です。

へえ，**家庭用のホース**みたいな感じですね。その管を，食べ物はどれくらいの時間で通過するんですか？

食べ物が食道を進む速さは，1秒間に4センチほどです。つまり，食べ物は飲みこまれてから**6秒**ほどで胃に入ることになります。

結構早い！

では，ここで問題。
寝転がってご飯を食べたら，食べ物は胃にたどりつくでしょうか？　それとも止まってしまうでしょうか？

行儀悪いですね。
うーん，寝たまま食べると，食べ物が落ちていかないので，胃にはたどりつけないと思います。
食道の上のほうで**止まっちゃうのでは？**

ブブー！ 残念。
重力に関係なく，食べ物は胃にたどりつきます！

 えっ，ホントに？

 はい，食道が動いて，水や食べ物を胃のほうへと進ませるんです。歯みがき粉をチューブからしぼり出すように，筋肉の管を収縮させて，たとえ逆立ちしていても，無重力空間であっても，飲みこんだ飲食物を胃へと到達させるんです。

動く歩道みたい！

食道って，単なる食べ物の通り道ではなくて，すごい使命感をもって食べ物を胃に送りこんでいるんですね。

そうなんです。食道にかぎらず，消化管が筋肉を収縮させて内容物を移動させる動きを蠕動（ぜんどう）といいます。

よくできているなあ……。

ちなみに食道は，入り口だけでなく，胃へとつながる出口も，食べ物が通過しないときは閉じられています。食道の出口がうまく閉まらないと，胃液が食道のほうまで逆流してしまうことがあるんです。
この病気を逆流性食道炎といいます。

胃液が逆流すると何がおきるんですか？

胃液は強い酸性（pH1〜2）ですから，食道の壁がただれて炎症をおこしてしまいます。
炎症がおきると，胸焼けや胸の痛みなどがおきます。さらに症状が悪化すると，**食道がん**になることもあるんです。

がんにまで!?

はい。タンパク質や脂質が多い食事は胃液の分泌を増やすので，逆流性食道炎を発症したら，それらをひかえることが重要です。

食べ物をドロドロにする胃

 さて，食道の次は胃です。

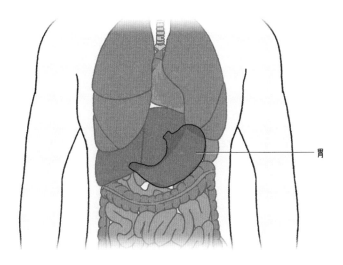

胃

 # 消化といえば，やっぱり胃！
ですよね。
とはいえ，胃が実際はどんなはたらきをしているのか，
あまり知らないかも。

 **胃は，食べ物をドロドロのかゆ状にし，一時的にためる
袋状の臓器です。**
食べ物はだいたい，2〜4時間ほど胃にとどまっている
んですよ。

ドロドロのかゆをためる袋……。大きさはどれくらいなんでしょう？

空腹のときの胃の容積は0.05リットル（50cc）ほどです。

たったの50cc？
胃ってそんなに小さいんですか!?

ええ。意外でしょう。でも実は，胃は食べ物が入ってくると大きくふくらむんです。
その容量はなんと **1.2〜1.6リットル**ほど！

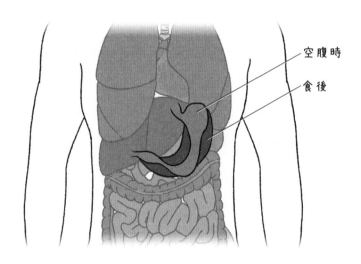

空腹時

食後

20倍以上にふくらむ！
風船みたいですね。それで，胃に入った食べ物は，どうやってドロドロのかゆ状になるんですか？

胃は筋肉の壁を動かし，入ってきた食べ物と胃液をかきまぜるんです。胃の粘膜はひだ状になっているため，内容物をすりつぶす効果もあります。こうして食べ物はどろどろのかゆ状になり，それを蠕動によって少しずつ小腸へと送りだします。

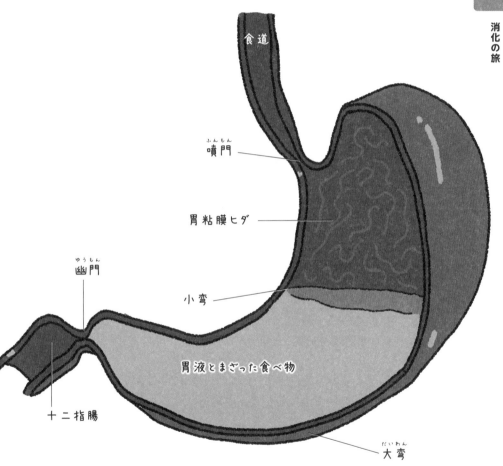

食道

噴門（ふんもん）

胃粘膜ヒダ

幽門（ゆうもん）

小弯

十二指腸

胃液とまざった食べ物

大弯（だいわん）

 へぇぇ，**ミキサーみたいですね。**

ところで，胃液ってどういうものなんですか？

 胃液は，胃の内側をおおう粘膜でつくられる液体で，1日に 1.5 〜 2 リットルほど分泌されます。
胃液はpH1 〜 2という強い酸性で，その効果で食べ物の繊維をやわらかくしたり，食べ物を殺菌したりします。
飲みこんだ食べ物が体内で腐ることがないのは，胃で殺菌されるからなんです。

 ## 食べ物の殺菌までしているのか〜！

 はい。さらに，胃液には，消化酵素のペプシンが含まれています。**食べ物に含まれるタンパク質は，ペプシンの働きによって，短く切断されるんですよ。**

 それで細かくなっていくわけですね。ところで，胃は，自分で分泌した胃液で分解されないんですか？

 胃の内側は，胃液を中和する成分を含んだ粘液でおおわれ，保護されています。ですから，胃は分解されることはないんです。

 なるほど。胃自身は，粘液で自分を守っているのか。本当にうまくできているなあ。

ただし，胃はストレスに弱く，緊張や不安などがつづくと，胃を守る粘液の分泌量が減ってしまうことがあります。すると，胃酸によって胃の壁が傷ついてしまいます。これが胃潰瘍です。

胃の健康のためにも，ストレスをためないことがたいせつなんですね。

そうですね。それから，酸性の強い胃液の中でも生きられるピロリ菌が胃にすみついていると，胃潰瘍や慢性的な胃炎，胃がんなどを引きおこしやすくなります。

あっ！　ピロリ菌って聞いたことがある。たしか，胃がんの原因になるんですよね。
怖いなぁピロリ菌。自分の胃にピロリ菌がいるかどうか，たしかめられるんでしょうか？

ピロリ菌に感染しているかどうかは，尿検査や血液検査，薬を飲んだあとの呼気を調べる方法，内視鏡で胃の粘膜を採取する方法などで調べることができますよ。
感染がわかったら，薬で除菌する治療を受けることがすすめられます。

2
時間目

消化の旅

119

膵臓は，なんでも分解するすごいやつ

 胃でドロドロのかゆ状になった食べ物が，続いて進むの
が十二指腸です。

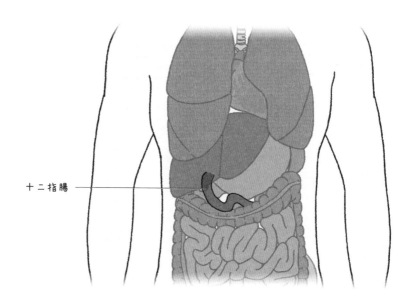

十二指腸 ————

 **十二指腸は小腸の一部で，外径4〜6センチメートル，
長さ25センチメートルほどの管です。**管の内側の壁には
たくさんのひだがあります。

 十二指腸ってずいぶん変な名前ですよね。どういう意味
なんですか？

 指12本分の幅とおおよそ同じ長さであるために名づ
けられたそうですよ。

指12本分⁉ 中途半端なうえに，両手をあわせ
ても足りない。

 フフフ。さて，この十二指腸には，膵臓（すいぞう）がくっついてい
ます。

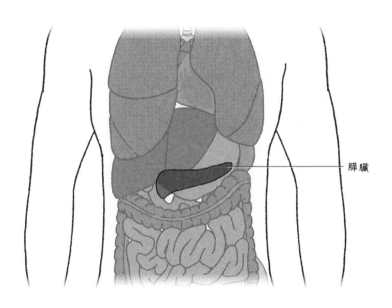

膵臓

 おぉ！ 膵臓か。 といっても膵臓が何をしている
のか，実はよく知らないです。膵臓はどんな器官なんで
しょうか？

 膵臓は，幅5センチ前後，長さ15センチ前後の細長い器
官です。**強力な消化液である膵液をつくっています。**

 すいえき？ しかも強力な消化液，って。

膵液は，1日に1リットルほど分泌されます。膵臓でつくられた膵液は，膵管という管に集められ，十二指腸内に放出されます。

膵液には複数の消化酵素がふくまれていて，炭水化物，タンパク質，脂質という三大栄養素をすべて分解することができます。 膵液は，消化の中心的な役割を果たす消化液なのです。

へぇ，消化といえば胃，と思ってましたけど，真のエースは膵臓だったのか！
ところで，そんな強力な消化液で，膵臓自身はダメージを受けないんですか？　胃と同じようなしくみですか？

生物の体は基本的にタンパク質でできているので，膵臓も膵液で消化されてしまいそうですよね。でも実際はそうはなりません。

膵液に含まれる，タンパク質を分解する酵素（トリプシン）は，膵臓から出て，小腸の粘膜がつくる酵素と反応してはじめて活性化するんです。つまり，膵臓の中では，まだタンパク質の分解能力をもっていないのです。

へぇ，膵臓の外に出てはじめてはたらくようになるのか。人体ってつくづく，うまくできていますねぇ。

それから，膵臓にはもう一つ役割があります。
それは，血糖値の調整です。

血糖値？

血糖値とは，血液中の糖分の濃度のことです。血液中の糖分は，すべての細胞のエネルギー源なので，**不足すると大変！**

ど，どうなるのでしょうか？

血糖値が正常時の4分の1程度になると，脳は**大打撃**を受けて，**昏睡状態**におちいってしまいます。

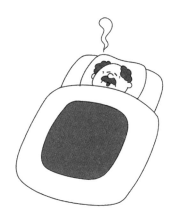

ひゃー大変。
じゃあ血糖値が高いほどエネルギー源がたくさんあってよい，ということですね？

いいえ，筋肉のときにも少しだけお話ししましたが，血糖値が高いと，血管や神経が傷つけられてしまうんです。ですので，**血糖値は低すぎても高すぎてもだめです。**
つねに適切な範囲内になければならないのです。

膵臓は，血糖値をどうやって調整しているんですか？

膵臓は，血糖値を下げる「インスリン」や，血糖値を上げる「グルカゴン」などのホルモンを分泌し，血糖値を適切に保っているんです。

インスリンは聞いたことがあります。

たとえば，食後に血糖値が上がると，膵臓はインスリンを分泌します。するとインスリンのはたらきで，肝臓は血糖を使って糖が連なったグリコーゲンを合成します。また，脂肪組織や筋肉でも糖分の取りこみがうながされます。
こうして血糖が消費され，血糖値が下がるのです。

うわぁ，**すごい連携プレー。**
膵臓のはたらきは，消化だけではなかったんだ。

はい。インスリンの分泌が低下したり，インスリンが効きづらくなると，常に血糖値が高くなる**糖尿病**になります。

ああ，だから糖尿病になると，自分でインスリン注射を打たなくてはならないんですね。
ところで先生，イラストを見ると，十二指腸には膵臓だけでなく，胆囊（たんのう）というものもつながっているようですが，胆囊って何ですか？

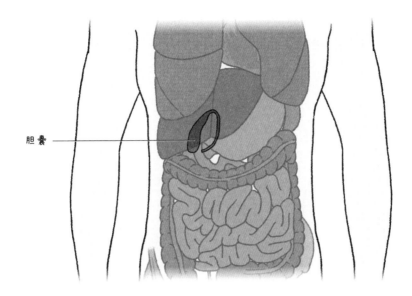

胆嚢

 胆嚢は，<ruby>胆汁<rt>たんじゅう</rt></ruby>という消化液をたくわえ，濃縮するための器官です。

 たんじゅう？

 はい。**胆汁は，脂肪を分解するために必要な消化液です。**
もともとは肝臓でつくられるのですが，胆嚢で貯蔵・濃縮されます。
そして，食べ物が十二指腸にやってくると，胆嚢から胆汁が流れでるんです。そうして，膵液や胆汁で食べ物が分解される，というわけです。

 そしていよいよ小腸というわけですね！　消化の旅も**そろそろゴールが見えてきた！**

小腸の長さは，6メートル以上

 ついに**小腸**にやってきました！

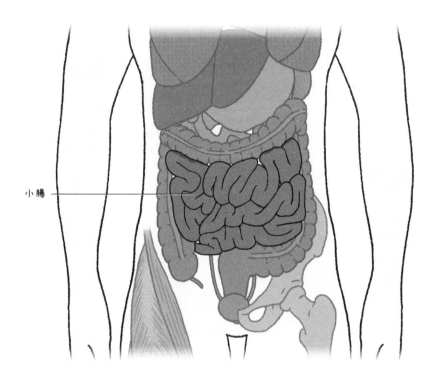

小腸

 きましたね。小腸は，**十二指腸**と**空腸**，そして回腸に分けることができます。**小腸の役割は，食べ物の最終的な消化と，栄養分の吸収です。**

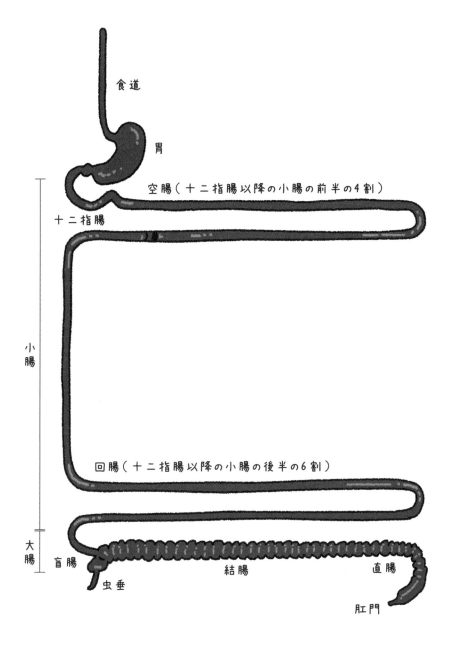

食道

胃

空腸（十二指腸以降の小腸の前半の4割）

十二指腸

小腸

回腸（十二指腸以降の小腸の後半の6割）

大腸

盲腸

虫垂

結腸

直腸

肛門

小腸ってながーいですね。
長さはどれくらいなんですか？

普段は2〜3メートルほどにちぢんでいます。でも，筋肉がゆるむと，6〜7メートルにもなります。

やっぱり長い！

小腸の内部には多くのひだがあります。さらに一つ一つのひだの表面は，絨毛（じゅうもう）とよばれる1ミリ程度の突起でおおわれています。

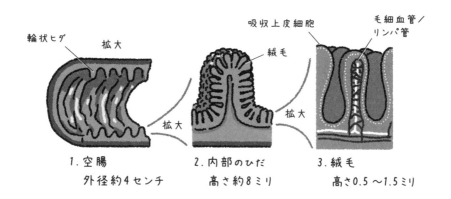

輪状ヒダ　　拡大

吸収上皮細胞

毛細血管／リンパ管

絨毛

拡大

拡大

1. 空腸
　外径約4センチ

2. 内部のひだ
　高さ約8ミリ

3. 絨毛
　高さ0.5〜1.5ミリ

そのおかげで，小腸の表面積は約200平方メートル，**テニスコート1面分**に匹敵するほどの大きさになります。

ひゃーでっかい！
1人の小腸が，テニスコート1面分かぁ。

表面積を増やすことで，食べ物から栄養素を効率よく吸収できるんです。
また，小腸の表面には，消化酵素が組みこまれています。**膵液などによって分解されてきた栄養素は，この膜の消化酵素によって最小単位にまで分解されて，吸収されていくわけです。**

小腸で最後の仕上げって感じですね。`

そうですね。**小腸を通り抜ける間に，栄養素が吸収され，食べ物は大腸へ送られます。また，小腸では水分の吸収も行われます。**体に吸収される水分の85％が小腸で吸収されるんですよ。
飲食物からとった水分だけでなく，みずから分泌した消化液（唾液や胃液，膵液，胆汁など）の水分も，小腸で回収されます。

消化液の水分も回収しているのか。エコだなあ。

129

食道からはじまる消化管は，**大腸**で終わりをむかえます。

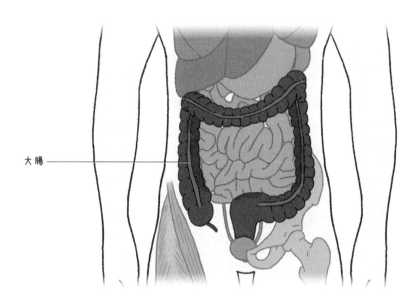

大腸 ————

いやぁー，長かった！
全長約10メートルの旅も，いよいよフィナーレですね。

大腸は，**盲腸**，**結腸**，**直腸**からなっていて，それらを
あわせると，長さ1.6メートル程度です。小腸を取り囲む
ように存在しています。

それでも1.6メートルもあるんですね。
そういえば私，中学生のころ，**盲腸**になったことありま
すよ。手術で取っちゃったので，盲腸がないんです。

130

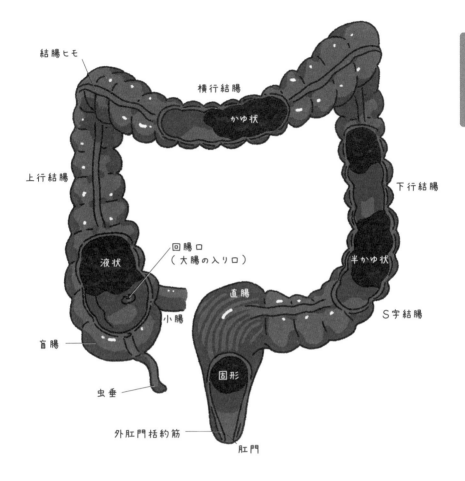

結腸ヒモ

横行結腸

かゆ状

上行結腸

下行結腸

回腸口
（大腸の入り口）

液状

半かゆ状

直腸

小腸

S字結腸

盲腸

固形

虫垂

外肛門括約筋

肛門

 それは痛かったでしょう。
一般的に，盲腸や盲腸炎といわれる疾患は，正しくは**虫垂炎**といいます。

 ちゅうすいえん？

はい。大腸の最初の領域である盲腸には，長さ7センチメートル前後の細長い**虫垂**がついています。ここが炎症をおこすのが虫垂炎です。手術では，この虫垂を切除するんですよ。

イラストの細長い部分ですか。盲腸ってよくいうけど，実際は虫垂で炎症がおきているんですね。今さらですが，虫垂って，取っちゃって大丈夫なんでしょうか？

虫垂は切除したとしてもさほど影響は出ず，従来，大した機能をもっていないと考えられてきました。しかし近年，**免疫**の機能をになっていて，**腸内細菌の制御**にかかわっているのではないかと考えられています。

へーっ，人体には，最近になって明らかになることが，まだまだたくさんあるんですね。

では，食べ物の消化の旅をつづけましょう。大腸にやってきた食べ物は，栄養分の90％近くがすでに吸収されています。**大腸の主な役割は，水分を吸収して固形の便をつくることと，腸内細菌の助けを借りて，小腸では消化・吸収できなかった成分を分解し，吸収することです。**

腸内細菌，聞いたことあります。ヒトの腸には，ものすごい数と種類の細菌がすんでいるって。

成人の場合，腸内細菌の種類は1000種類以上，数は100兆をこえるといわれ，重さは約1.5キログラムにもなります。私たちの細胞の数が数十兆個ほどですから，腸内細菌の方が多いことになりますね。

えっ，ちょっと待って！

自分たちの細胞よりも，細菌の数の方が多いんですか？
大丈夫なんですか？

腸内細菌は，ヒトが消化できない食物繊維などの成分の
一部を分解し，ヒトが吸収できる成分に分解してくれる
ものなんです。栄養の吸収を助けてくれる細菌ですから，
心配ありませんよ。ウシなどの草食動物の胃にも細菌は
存在していて，同じように消化がむずかしい成分を分解
し，栄養の吸収を助けています。

細菌と聞くと病気を引き起こすような悪い印象しかあり
ませんでしたが，親切な細菌もいるんですね。

近年では，腸内細菌のバランスが，おなかの調子だけで
なく，免疫や肥満など，全身に影響していることも明ら
かになりつつあるんですよ。

腸内細菌，大切ですね！

ところで，小腸からやってきた食べ物は，大腸にはどれ
くらいの時間とどまるんでしょうか？

食べ物が大腸を進むのにかかる時間は，15時間ほどで
す。**小腸を出て大腸に入った直後はほぼ液状ですが，少
しずつ水分が吸収されていき，大腸の最後の領域である
直腸に到着するころには固形の便になります。**

便って，100％食べ物の残りかすな
んですか？

便は，80％ほどが水分です。

水分以外の固形分のうち，消化されなかった食べ物の残りかす（食物繊維）が占める割合は，便全体の約7％にしかすぎません。

残りは，大腸を進む過程で巻きこまれた腸内細菌とその死がいや，腸の表面からはがれた細胞です。

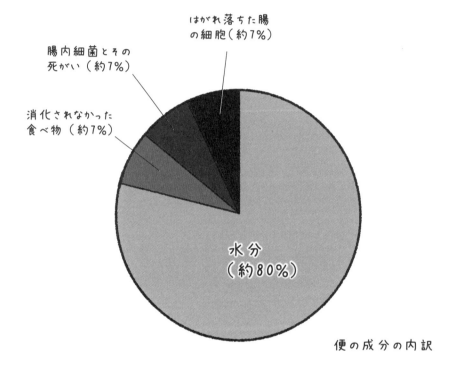

便の成分の内訳

ウンチってほとんどが水なんだ。
食べ物の残りかすはほんのわずかなんですねぇ。

人体最大の化学工場，肝臓

では次に，肝臓（かんぞう）についてお話ししましょう。

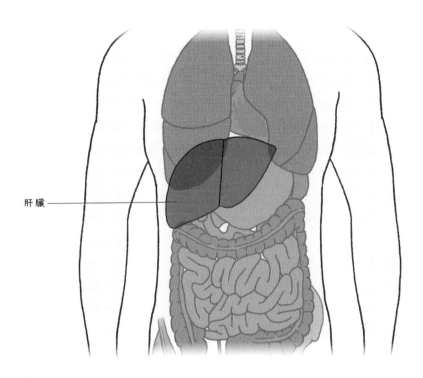

肝臓

ん？ 消化の旅はウンチが出て終わりではなかったっけ？

いえいえ！ まだ吸収された栄養素たちがその後，どうなるのかをお話ししてませんからね。

135

そうでした！ 食べ物のかすは外に出るけど，栄養分は
肝臓に送られるんでしたね！

そうです！ 小腸の粘膜から吸収された糖やアミノ酸は，
小腸の壁の中を通る血管（毛細血管）に入ります。
でも！ そのまま全身へ運ばれるわけではない！
ジャーン，なんと**肝臓に運ばれるんです！**

なるほど〜！

ちなみに，**肝臓は，人体の中では最大・最重量の臓器で，
体重のおよそ50分の1を占めているんですよ。**

私は体重65キログラムなので，1.3キログラムくらいと
いうことですね。

そいういうことですね。
胃や小腸，大腸などの消化管と肝臓は，**門脈**とよばれる
血管でつながっています。糖やアミノ酸などの栄養素は
門脈を通って，まずは肝臓へ送られるんです。

なんのために肝臓に送られるんですか？

**肝臓へ届けられた栄養素は，肝臓で化学処理されて，体
の各部で利用しやすい形にされたり，貯蔵しやすい形に
されたりするんです。**

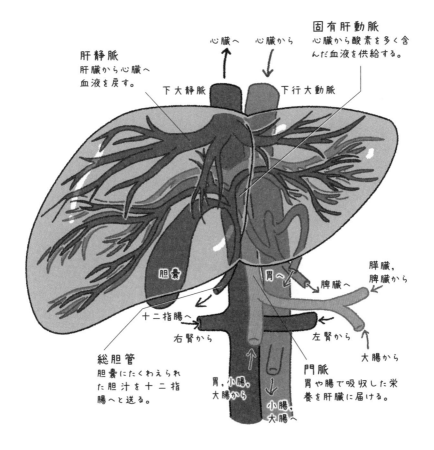

肝静脈
肝臓から心臓へ
血液を戻す。

心臓へ　　心臓から

固有肝動脈
心臓から酸素を多く含
んだ血液を供給する。

下大静脈　　下行大動脈

胆嚢

胃へ　　　脾臓へ

脾臓,
脾臓から

十二指腸へ

右腎から　　　　　左腎から

大腸から

総胆管
胆嚢にたくわえられ
た胆汁を十二指
腸へと送る。

胃,小腸,
大腸から

小腸,
大腸へ

門脈
胃や腸で吸収した栄
養を肝臓に届ける。

すごいなぁ。そんな高度なことが行われているのか。肝臓は**栄養素を加工する工場**みたいな場所なんですね。

そうなんです。
たとえば，炭水化物が分解されてできたブドウ糖などは，肝臓で貯蔵できる**グリコーゲン**に変換されます。**そして，必要に応じてグリコーゲンを分解してブドウ糖に変え，全身へ送り出します。**こうして，血液中につねに一定量の糖分を供給しているのです。

血液中の糖分の量は少なすぎても，多すぎてもだめなんでしたね。

ええ。それから肝臓には，**アルコールやニコチン，老廃物であるアンモニアなどの有害な物質を無害な物質に分解するはたらきもあります。**

いやいや，肝臓，ほんとにすごい臓器ですね。

びっくりでしょう？　そして，**分解された物質は，胆汁として胆嚢へ送られます。**

胆汁って，膵臓のところで出てきましたね。「脂肪を分解するために必要な消化液」ということでしたが，有害物質を分解してつくられていたのか。無駄がないんだな。肝臓っていろんな処理をしているんですね。

そうなんです。**肝臓では，500種類以上もの化学反応がおきているといわれます。**
まさに人体の化学工場だといえるでしょう！

それから，肝臓は，非常に高い**再生能力**をもっています。肝臓の4分の3を切除しても，数か月後には元の大きさにもどるんですよ！

肝臓，すごすぎる！

でも，お酒の飲みすぎなどで肝臓に負担をかけつづけたり，**肝炎ウイルス**に感染したりすると，**肝炎，肝硬変，肝臓がん**といった病気を引きおこします。肝臓の病気は，かなり進行しないと自覚症状があらわれません。そのため，肝臓は**沈黙の臓器**とよばれることもあります。

そんなにはたらいているのに……。肝臓の異常に早く気づいてあげるには，どうしたらいいんでしょうか？

定期的な血液検査が有効です。**肝臓に異変がおきると，血液中のさまざまな物質の濃度に変化があらわれます。** 健康診断で血液検査を受け，結果をよく確認して，肝臓の異変を見逃さないようにしましょう。

栄養は，いろんな場所で分解される

 ここまで，消化にかかわる器官をざっと見てきました。最後に，いろんな栄養素がどのように分解されて吸収されるのか，その大まかな流れを見ておきましょう。

 お願いします。消化はいろんな器官が関わっていて，全体の流れをちゃんとつかめていません。

 まず，私たちが活動のエネルギーとして使ったり，体をつくる成分として利用したりする主な栄養素は，「炭水化物」「タンパク質」「脂質」の三つです。
これらは，三大栄養素といわれています。

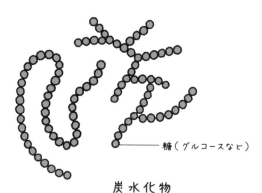

―――― 糖（グルコースなど）

炭水化物
米やパン，めん類などに多く含まれる栄養素。炭水化物は，ブドウ糖（グルコース）などの糖（単糖）の分子が，上の図のように数十〜数万個つながったもの。

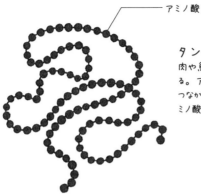

アミノ酸

タンパク質
肉や魚，卵，大豆などに多く含まれる。アミノ酸の分子が数十〜数千個つながったもの。タンパク質をつくるアミノ酸は，20種類ある。

中性脂肪

脂肪酸

脂質
油や乳製品に多く含まれる。炭素原子が数個〜二十数個つながった「脂肪酸」が基本単位。脂肪酸が三つ組み合わさった「中性脂肪」が主な成分。

まずは炭水化物の消化と吸収の流れを見てみましょう。炭水化物は，糖がいくつもつながった構造をしています。**炭水化物は，唾液や膵液に含まれる消化酵素によって，糖のつながりが切断されていき，最終的に一つ一つの糖（単糖）になって，小腸で吸収されます。**

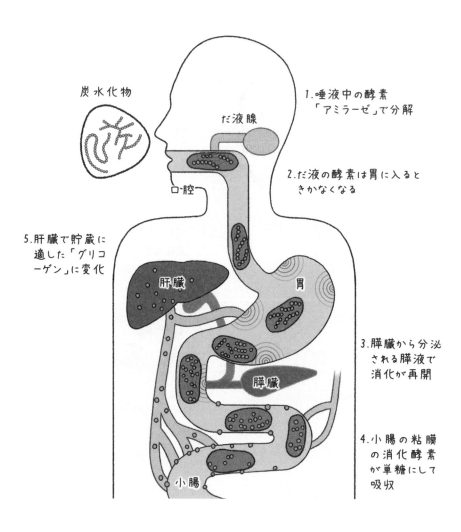

炭水化物

だ液腺

口腔

肝臓

胃

膵臓

小腸

1.唾液中の酵素
「アミラーゼ」で分解

2.だ液の酵素は胃に入ると
きかなくなる

3.膵臓から分泌
される膵液で
消化が再開

4.小腸の粘膜
の消化酵素
が単糖にして
吸収

5.肝臓で貯蔵に
適した「グリコ
ーゲン」に変化

栄養素は, 吸収されると, **まずは肝臓**に行くんで
したね。

はい, その通りです。その後, **活動のエネルギー源として,
肝臓から血液を介して全身の細胞へと供給されます。** 炭
水化物は非常に吸収率がよく, 食べた炭水化物の99％が
消化・吸収されちゃうんですよ。

142

ほとんど食べ物に残らないってことですね。

 そうなんですよ。では，次は**タンパク質**の消化と吸収
の流れを見てみましょう。

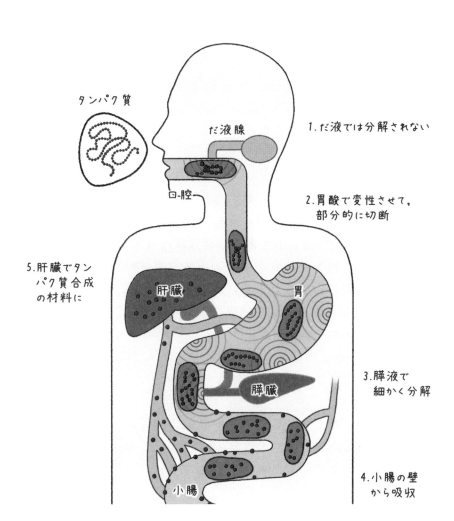

タンパク質

だ液腺

口腔

肝臓

胃

膵臓

小腸

1. だ液では分解されない

2. 胃酸で変性させて，
部分的に切断

3. 膵液で
細かく分解

4. 小腸の壁
から吸収

5. 肝臓でタン
パク質合成
の材料に

タンパク質は，アミノ酸が鎖状につながってできています。**胃液や膵液に含まれる消化酵素によって，アミノ酸のつながりが切断されていき，バラバラになったアミノ酸が，小腸で吸収されます。**

小腸で吸収されたアミノ酸も，血液に乗ってまず肝臓に送られます。その後，血液を介して肝臓から全身に送られたアミノ酸は，**タンパク質をつくる材料として利用されます。**

タンパク質も，約90％が消化・吸収されます。

炭水化物が唾液で分解されるのとはちがって，タンパク質は胃液で分解されるのか。

それぞれ違うんですよ。では最後に，脂質の消化・吸収の流れを見てみましょう。脂質（油）は水にとけないので，消化酵素がはたらきにくく，**胃液や胆汁によって油の粒子が細かくされたうえで，膵液によって分解されます。**
分解された脂質も小腸で吸収されますが，**小腸でもう一度脂質に合成されます。そして，タンパク質と組み合わされて，輸送しやすい形になったうえで，血液に乗って全身をめぐるんです。**

脂質はまたちょっとちがうんですね。

はい。そして，肝臓や脂肪組織にたくわえられたり，細胞の膜の成分として利用されます。
脂質の消化・吸収率も約90％です。

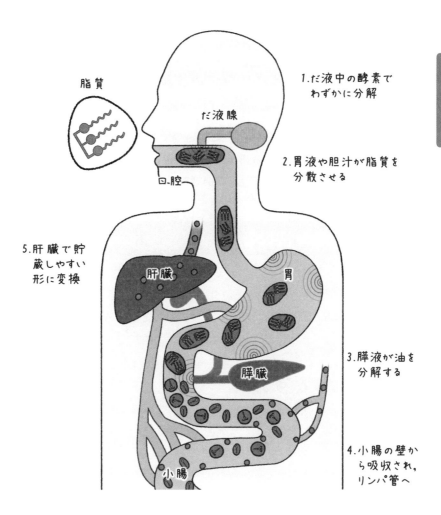

脂質

1. だ液中の酵素で
わずかに分解

だ液腺

口腔

2. 胃液や胆汁が脂質を
分散させる

5. 肝臓で貯
蔵しやすい
形に変換

肝臓

胃

膵臓

3. 膵液が油を
分解する

小腸

4. 小腸の壁か
ら吸収され、
リンパ管へ

栄養素はそれぞれ分解される場所も経路も少しずつちが
うんですね。**人体って精密だなあ。**

STEP 2 尿をつくって排泄する泌尿器

消化の旅を終えた食べ物は，便となって出ていきます。一方，栄養素を運んだ大量の血液は腎臓でろ過され，老廃物や余分な水分が凝縮され，尿となって出ていきます。

腎臓は血液の管理者

 STEP1で，食べ物が消化されて便になるまでを見ました。このSTEP2では尿の方に注目していきましょう。

 人は，1日にどれくらい尿を出しているんですか？

 だいたい1〜1.5リットルくらいですね。

 2リットルのペットボトル1本には満たないんですね。

 この，尿をつくっているのが腎臓_{じんぞう}です。
水を飲むなどして体内の水分量がふえると，たくさんの尿がつくられます。逆に，運動などで汗をたくさんかき，体内の水分量が減ると，少量の濃い尿がつくられます。尿の量を増減させることで，体内の水分量をコントロールしているのです。

腎臓は，尿をつくる器官だったのですね。名前は聞きますけど，どこにあるんですか？

 腎臓は，にぎりこぶしほどの大きさ（長径約10センチメートル）で，腰の上のあたりの背中側に**左右一つずつ**あります。

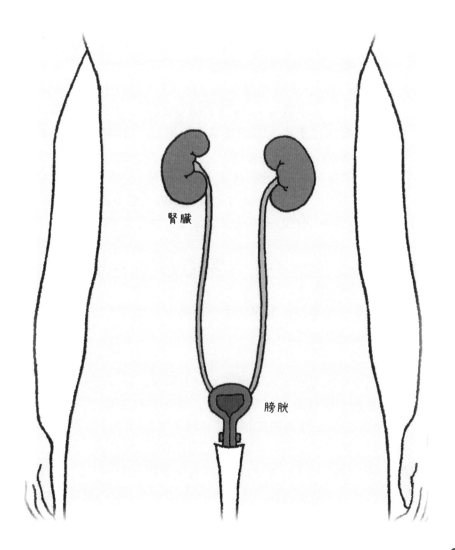

腎臓

膀胱

もし，一方の腎臓がなくなっても，**残りの1個が
あれば大丈夫**なんですよ。

そういえば，**腎移植**って聞いたことがあります。
1個あれば大丈夫だから，必要な人に移植することが可能
なんですね。

その通りです。**腎臓の役割は，血液の状態を監視して，
体内の水分の量や血液の成分（塩分やpHのバランスな
ど）を一定に保つことです。**
腎臓には，心臓から送り出される血液の約4分の1が送ら
れます。その量は1日に**約1700リットル**にもなりま
す。**腎臓はその大量の血液をろ過し，老廃物を濃縮させ
て尿をつくるんです。**
左右の腎臓には，**腎小体**という，直径0.2ミリほどの組
織があります。腎小体は合計約200万個もあり，これが，
ろ過フィルターの役目をになっています。

どっひゃー！ 1700リットルの血液
をろ過！
そんな大量の血液が腎臓でろ過されて，尿はつくられて
いたんですね。

そうなんですよ。ろ過された血液は，いったん「原尿」
という尿の原料になります。成人男性の場合，1日に約
170リットルの原尿がつくられます。

ん？ でも，私たちが排泄する尿は1〜1.5リットル
くらいでしたよね。原尿の10分の1くらいの量ですね。

背中側から見た腎臓

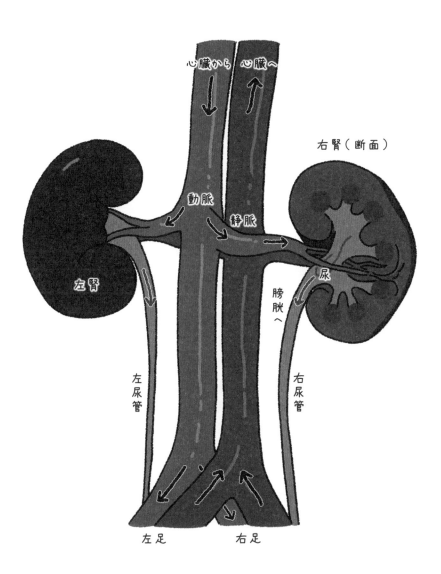

ええ。原尿には，人体に必要な水分や成分（糖やアミノ酸など）が多く含まれているので，原尿から水分や各種成分を再吸収して，さらに濃縮した尿をつくるんです。そうして，**最終的にろ過された血液（原尿）の1%弱が，尿として排出されます。**

ところで，尿って若干黄色味がかっていますよね。これはなんの色なんですか？

尿の色が薄い黄色をしているのは，古くなった赤血球が分解されてできる，**ウロビリン**という色素によるものです。体から排出されるウロビリンの量は一定なので，**尿の量が多いときには黄色は薄くなり，尿の量が少ないときには濃くなります。**

そういえば今朝，オシッコの色が少し濃かったような……。体に何か**異変**がおきているんでしょうか!?

睡眠中は，つくられる尿の量が少なくなるので，朝は色が濃くなるんです。昼間にも色が濃い場合は，体が脱水ぎみと考えられるので，水分補給をしましょう。
ただ，安静時に尿がコーラのような色をしている・にごっている・泡が立ってなかなか消えない，といったときには，腎臓の機能に異常がある可能性があります。**尿のようすに異常を感じたら，一度，病院で医師に相談したほうがよいでしょう。**

朝のオシッコは色が濃い！

限界までがまんすれば700mlの尿をためられる

 腎臓でつくられた尿は，尿管を通って膀胱へ送られ
ます。

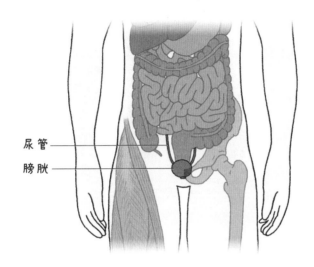

尿管 ————
膀胱 ————

 膀胱って，尿がたまる場所ですよね？

 はい。**膀胱は，下腹部にある，伸び縮みする袋状の器官で，**
腎臓でつくられた尿をためておくところです。
成人男性の場合，尿が入っていない空の状態では，高さ3
〜4センチメートル程度で上部がつぶれた形をしていま
すが，尿がいっぱいにたまると，直径10センチメートル
程度の球形にふくらみます。
女性は，膀胱のすぐ上の空間に子宮があるため，男性よ
りも容積がひとまわり小さいんですよ。

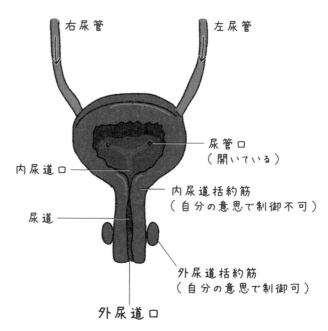

からの膀胱

右尿管　　　　　左尿管

尿管口
（開いている）

内尿道口

内尿道括約筋
（自分の意思で制御不可）

尿道

外尿道括約筋
（自分の意思で制御可）

外尿道口

尿が500ミリリットルほどたまった膀胱

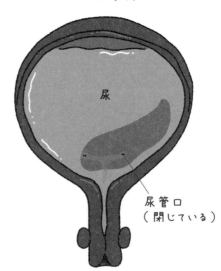

尿

尿管口
（閉じている）

ちなみに，膀胱にどれくらいの尿がたまると，トイレに行きたくなるんですか？

一般に150ミリリットルほど尿がたまると，尿意を感じるようになっています。**尿意を感じるセンサーは，膀胱の壁の筋肉にあるんですよ。**

どうやって膀胱内の尿の量がわかるんでしょうか？

尿が空っぽのときには，膀胱の壁の厚みは10～15ミリメートル程度です。ところが**尿がいっぱいに入ると，袋がのびてわずか3ミリメートルほどにまで薄くなります。**脳はこの膀胱の壁の厚みを感じて，どれくらい尿がたまっているかを知ることができるんです。

すごいしくみだなあ。
なかなかトイレに行けないときは，どのくらいまで尿を我慢できるんですか？

成人男性の場合，限界までがまんすれば**700ミリリットル程度**はためられるようです。ただし，膀胱の壁が過度にのびているため，痛みを感じるようになりますから，おすすめはできません。

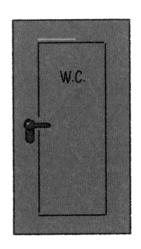

解体新書をつくりあげた, 杉田玄白

　蘭学者の杉田玄白（1733 ～ 1817）は，前野良沢（1723 ～ 1803），中川淳庵（1739 ～ 1786）らとともに医学書『解体新書』を刊行し，日本に近代医学の知識をもたらした人物です。

　杉田玄白は1733年，若狭小浜藩（福井県）で生まれました。父は小浜藩の医師で，杉田玄白も医学を学びます。そして，1753年，21歳で正式に小浜藩医として召抱えられました。

『ターヘル・アナトミア』の翻訳を決意

　1771年の春，玄白の同僚の中川淳庵が，オランダ人から借りてきたオランダ語の解剖学書『ターヘル・アナトミア』をもって，玄白のもとを訪れます。玄白はオランダ語を読めませんでしたが，ターヘル・アナトミアの精密な人体図に大層おどろきました。そこで，玄白は，若狭小浜藩の家老にお願いし，ターヘル・アナトミアを買ってもらいます。

　ターヘル・アナトミアを手に入れた直後，玄白は，蘭学者の前野良沢，中川淳庵とともに死刑場で死体の腑分け（解剖）を見学する機会を得ます。3人は，実物と『ターヘル・アナトミア』の人体図とを見比べ，その正確さに大きな感銘を受けました。そしてこのとき，3人はこの本を翻訳することを決心したのです。早速翌日から，前野良沢の家に集まって，作業にとりかかります。このとき前野良沢は49歳，杉田玄白39歳，中川順庵33歳でした。

　オランダ語の単語をわずかに知っている良沢を中心に，翻

訳は進められました。しかし当時は辞書もなく，翻訳作業は
困難をきわめます。「まゆというのは目の上に生えた毛であ
る」という文章を訳すのに，まる1日かかるほどだったとい
います。

　しかし時が経つにつれ，彼らもオランダ語の知識が増え，
翻訳が進んでいきます。そうして，翻訳をはじめてから3年
後の1774年，ついに『解体新書』が出版されたのです。解
体新書は日本ではじめての本格的な西洋の医学書の翻訳書で
した。

名前が載らなかった前野良沢

　翻訳で重要な役割をはたした前野良沢の名前は，解体新書
の著者として表記されていません。これは，誤訳が多く，未
完成の本の出版に良沢が乗り気ではなかったからだといわれ
ています。良沢は，解体新書の訳者という名誉を得ず，晩年
はさびしいものだったようです。

　一方の杉田玄白は名声を高め，
蘭学塾を経営し，蘭学の発展に
貢献しました。そして1803年，
杉田玄白は81歳で生涯を閉じま
した。

3

時間目

年中無休で
はたらきつづける
肺と心臓

空気を取りこむ肺

ここからは，生命維持の最重要器官ともいえる，肺と心臓にせまります。まず，肺のはたらきについて見ていきましょう。肺は，空気の出入りによって伸び縮みし，酸素を血液に補充します。

口呼吸よりも鼻呼吸がおすすめ

ここからは，呼吸についてくわしく見ていきましょう。人は，1日に約2万回ほど呼吸を行っています。1回に吸ったり吐いたりする空気の量は約0.5リットルほどで，1日では約1万リットルにもなります。

1回の呼吸で，500ミリリットルのペットボトル1本分か。意外と多いですね。
ところで私，よく口で呼吸しているんですけど，これはあまりよくないって聞いたことがあります。それは本当ですか？

呼吸には，鼻と口のどちらを使うこともできますが，できるだけ鼻から吸う鼻呼吸が望ましいでしょう。

鼻がつまったときとか，口じゃないと苦しいんです……。なぜ，鼻呼吸のほうがいいんですか？

鼻には，外の空気に含まれるちりやほこりを減らし，空気の温度と湿度を高めるための**すぐれた機能**がそなわっているからです。

どういうことでしょうか？

まず，鼻の中の**鼻毛**は，ちりやほこり，花粉などを取り除くための**フィルター**として機能します。
鼻毛を切りすぎると，この機能が失われてしまうので注意してください。

鼻毛にはそんな重要な機能があったとは。鼻毛切りはほどほどにですね。**抜くなんてもってのほか**ですね！
鼻毛のほかにも鼻呼吸がすぐれている理由はあるんですか？

鼻から吸った空気は，鼻の中の空間である**鼻腔**に運ばれます。鼻腔の壁には**鼻甲介**とよばれる突起があり，空気はそのすき間を通って進みます。

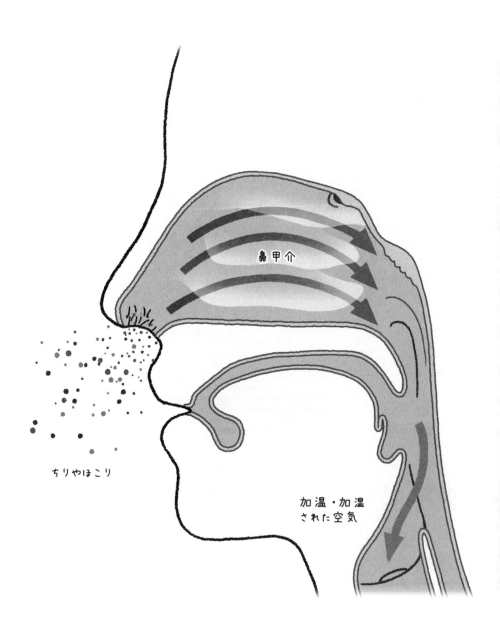

鼻甲介

ちりやほこり

加温・加湿された空気

160

このときに，空気は体温に近い**34℃程度**まで温められ，**湿度100%**近くにまで**加湿**されます。**鼻呼吸をすることで，気管や肺が冷たく乾燥した空気にさらされることをふせぐことができるんです。**

鼻の奥で，吸い込んだ空気の加温と加湿が行われていたのか。**加湿器そのもの！**
うーん，やっぱり今度からは鼻呼吸を意識しよう。

さらに，鼻腔をおおう粘膜に異物が付着すると神経が刺激され，いきおいよく空気をはきだして，**異物を強制的に外に排出することができます。**これが**くしゃみ**です。

くしゃみも体を守る大事なしくみなんですね。

続いて，鼻や口で吸いこんだ空気は，**肺**に入ります。

 はい！ よく知っている臓器ですけど，よく考えたら，呼吸をするときに，どうやって肺の中に空気をすいこんだり，吐きだしたりしているんでしょうか？

 肺は，**胸腔**（きょうくう）という，胸の空間におさまった，伸び縮みする**風船**のような器官です。
胸腔を大きくして肺を広げれば，気管を通して肺の中へ空気が流れこんできます。 つまり空気を吸いこむことができるわけです。

胸腔の大きさを変える？
いったいどうやって？

 胸腔の大きさを変えるときに活躍するのは，**肋骨を動かす筋肉（肋間筋）**（ろっかんきん）**と横隔膜**（おうかくまく）です。横隔膜というのは，胸部と腹部をへだてているドーム状の筋肉の膜です。

 ふむふむ

 164～165ページのイラストを見てください。**息を吸うときには，肋骨が引き上げられる（胸が上がる）と同時に，横隔膜が下がります（お腹がふくらむ）。** それによって胸腔の容積が大きくなり，胸腔内の圧力が下がるんです。その結果，肺がふくらみ，肺の中に空気が流れこむというわけです。

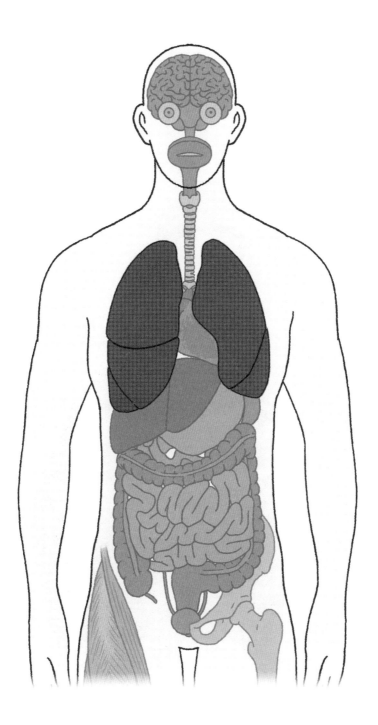

肺が**自力でふくらむわけではない**のですね。

息を吸うとき

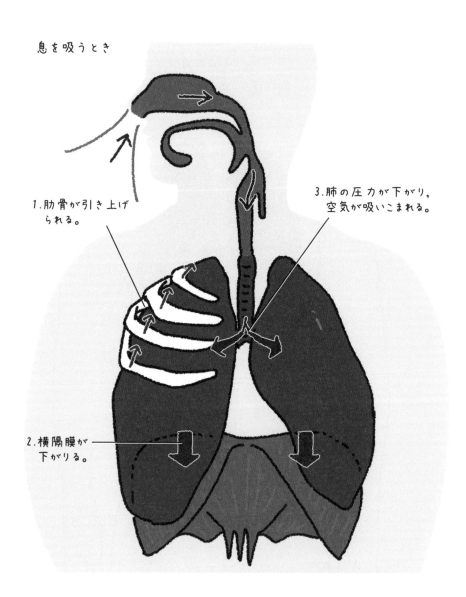

1. 肋骨が引き上げられる。

2. 横隔膜が下がりる。

3. 肺の圧力が下がり、空気が吸いこまれる。

はい。逆に，**息をはくときは，主に内肋間筋が収縮して肋骨が引き下げられるとともに，横隔膜が上がります。** こうして胸腔がせまくなり，肺がしぼみます。

息を吐くとき

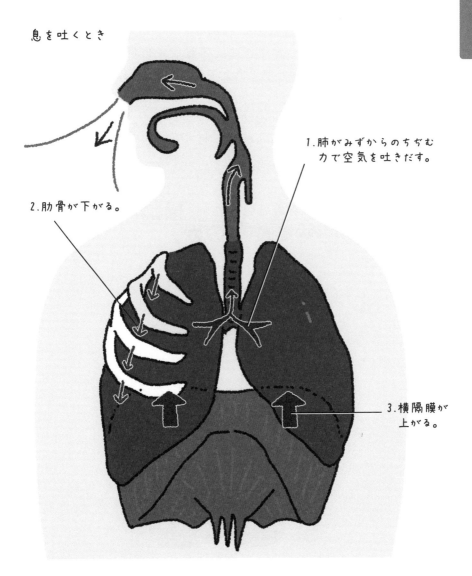

1. 肺がみずからのちぢむ力で空気を吐きだす。

2. 肋骨が下がる。

3. 横隔膜が上がる。

なるほど。
そういえば，私，カラオケが好きなんですけど，歌を歌うときは，お腹を意識した**腹式呼吸**がいいってよく聞きます。
腹式呼吸とはどういった呼吸なんですか？

腹式呼吸とは，横隔膜の上下動を主に使う呼吸のことです。一方，肋骨（胸）の上下動を主に使う呼吸を「胸式呼吸」といいます。
安静時の呼吸では腹式呼吸が中心です。一方，運動のときなどたくさんの空気が必要なときは，積極的に胸の上下動（胸式呼吸）を使うようになります。

へぇ，一口に呼吸といっても，**横隔膜を動かすのか肋骨を使うのか，**でちがうんですね。

肺の中には，3億個もの小部屋がある

 鼻や口から吸った空気は**気管**を通って肺に運ばれます。気管とは外径2センチメートル前後，長さ10センチメートルほどの管状の器官です。

 左右の肺には，気管が分岐してつながっているんですか？

 そうなんです。さらに，肺に入ったあとも分岐をくりかえし，**分岐した枝は肺のすみずみまで広がります。これを気管支といいます。**
気管は分岐するたびに細くなっていきます。20回以上の枝分かれをくりかえしたあと，最終的には**直径0.1ミリ程度**まで細くなります。

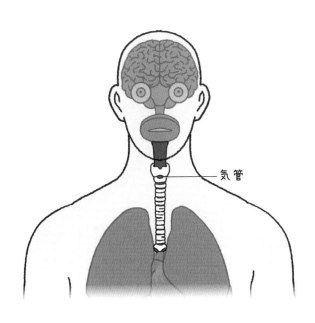

気管

分岐した気管支の末端はどうなっているんでしょうか?

 気管支の末端には球状の小さな部屋が集まったブドウの房のような構造がついています。この小部屋を肺胞といいます。

一つの部屋は数の子一粒よりも小さく, その数は左右の肺をあわせると**約3億個**にもなります。

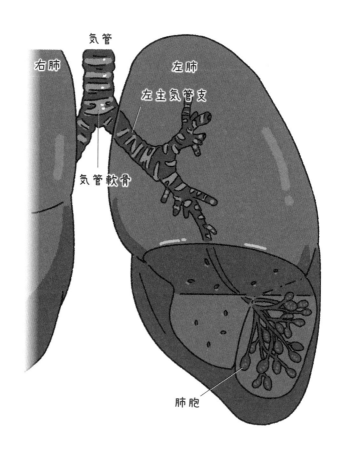

気管

右肺

左肺

左主気管支

気管軟骨

肺胞

3億のつぶつぶ!?

なぜそんなにたくさんの小部屋が肺には必要なんでしょうか？

肺の役割は，吸った空気に含まれる酸素を血液中に取り入れ，血液に含まれていた二酸化炭素を空気中に放出することです。

これをガス交換といいます。

ガス交換……。

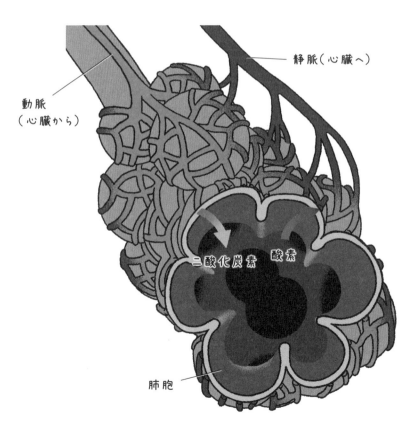

静脈（心臓へ）

動脈
（心臓から）

二酸化炭素　酸素

肺胞

大量の肺胞は，空気と毛細血管がふれ合う表面積を増やしてガス交換の効率を高める効果があるんです。**肺胞の表面積は，両肺あわせて畳40畳分にもなります。**

ふぁーすごい！

肺胞ではどうやって酸素と二酸化炭素の交換が行われるんですか？

肺胞は毛細血管でおおわれています。しかし，肺胞の中の空気と毛細血管中の血液とをへだてる壁の厚さは0.0002 〜 0.0006ミリメートルしかありません。この壁を介して，酸素と二酸化炭素の移動がおきるんです。

肺胞の壁ってすっごく薄い。

なぜ酸素と二酸化炭素は血液中と肺胞の中とで移動するんですか？

それは，気体が，高濃度の領域から低濃度の領域へと自然と移動（拡散）する性質を利用しているんです。

というと……？

心臓から肺に送られてくる血液は，全身の細胞によって酸素が消費されたあとの血液です。そのため，血液にとけている酸素の濃度は低く，二酸化炭素の濃度は高いんです。このような血液が，肺胞の壁を介して外から入ってきた空気とふれ合うと，酸素は空気中から血液中へ移動し，逆に二酸化炭素は血液中から空気中へと移動していくのです。

肺がんはがん死の部位別ランキング1位

私，小学生の頃に**肺炎**にかかったことがあって。すっごくつらかったのを今でも覚えています。

大変でしたね。**肺や気管支は外気と接しているため，ウイルスや細菌などの病原体や汚染物質，喫煙などの影響を受けやすい器官なんです。**
肺炎は**日本人の死亡原因の第5位**（2018年）に位置していて，死亡率は高齢者でとくに高いんですよ。

肺はつねに危険にさらされているんですね。

その上，高齢者などは，**誤嚥**（食べ物や唾液，胃液などが誤って気管に入ってしまうこと）によって，そこに含まれていた細菌が肺に感染して，肺炎が引きおこされることも多くあります。

食べ物が気管に入るだけで，そんな恐ろしいことになる可能性があるのか。

肺炎のほかにも，肺には命にかかわる病気がたくさんあります。
たとえば近年，**慢性閉塞性肺疾患**（chronic obstructive pulmonary disease：COPD）とよばれるものが注目されています。

これは，タバコなどの有害物質を長期にわたって吸いこむことでおきる，"肺の生活習慣病"で，肺に慢性的な炎症がおきて肺胞の壁がしだいにこわれていき，その結果，呼吸が困難になる病気です。

せきや痰，息切れが主な症状で，ゆっくりと症状が悪化していきます。

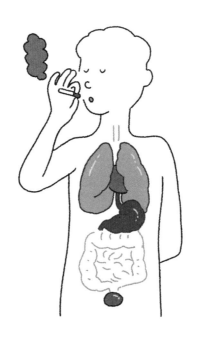

怖い病気ですね。
COPDも，やはり多いのですか？

COPDは，2018年の日本人の死亡数が1万8557人で，男性では**死亡順位の第8位**に位置しています。
ただし，日本国内には，受診をしていない患者を合わせると，500万人以上もの患者がいると推定されています。

500万人も！ 多いですね。父がタバコを吸っているので，気をつけないといけません。

 それから肺がんも非常に恐ろしい肺の病気です。**肺がんは，がん死亡率の第1位**となっています（2018年）。肺がんの原因はよくわかっていませんが，**喫煙との関係の深さが指摘されています。**

 肺がんもやはり**喫煙**と関係してるんですね。

 はい，ただし喫煙者でなくとも肺がんを発症することもあります。**受動喫煙や大気汚染，環境要因，食生活など**も原因としてあげられています。

肺がんを**予防**するにはどうすればいいんですか？

 肺がんの予防は**禁煙**が最も重要で，さらに**定期健診**によって，早期発見をこころがけることも大切です。

 父のタバコ， ひかえるようにいってみます。

STEP 2 血液を送りつづける心臓

血液を全身に送りだすポンプの役割をになうのが，心臓です。1分間に送りだす血液の量は，なんと5リットル。体中をめぐった血液はまた心臓に戻り，肺へと送りだされます。

心臓は，1分間に5リットルの血液を送りだす

ここからはいよいよ心臓です。
心臓は，体内に血液を循環させるポンプです。

いよいよ心臓ですね！
左胸にあるんですよね!?

うーん，よくそういわれますが，実際には体のほぼ中央にあります。

そうなんですか!?　知りませんでした。

心臓は，心筋という厚い筋肉の壁でできています。
筋肉が規則正しくちぢむことで，一定のリズムで血液を次々と押しだしていくんですよ。

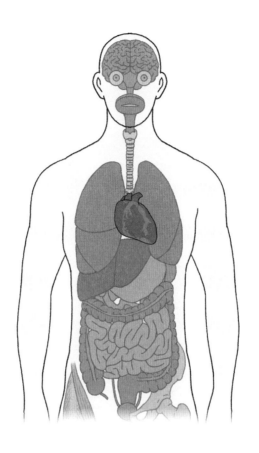

心臓は筋肉！
めっちゃ強そうだ………。どれくらいのペースで血液を
送りだしているんですか？

安静時の心臓が送りだす血液は，**1分間に約5リット
ル**です。これは**全身の血液量**に相当します。

たった１分間で５リットル!?

というか，全身の血液量って，５リットルなんですね。
ということは１日で……

約7000リットルです。

想像を絶する量ですね！

すごいでしょう。具体的に心臓の構造を見てみましょう。
心臓の中は，四つの部屋に分かれています。右側の**右心房**と**右心室**，左側の**左心房**と**左心室**です。

血液を送りだすために，四つの部屋はどう使い分けられているんでしょうか？

心臓から送られる血液には，**肺に向かう経路（肺循環）**と，**全身に向かう経路（体循環）**の二つの経路があります。

二つの経路。 肺にも向かっているんですね。

はい。右側にある右心房と右心室（右心系）は，全身をめぐって心臓にもどってきた血液を，肺へと送りだす経路です。
一方，左心房と左心室（左心系）は，肺からもどってきた血液を全身へと送りだす経路です。

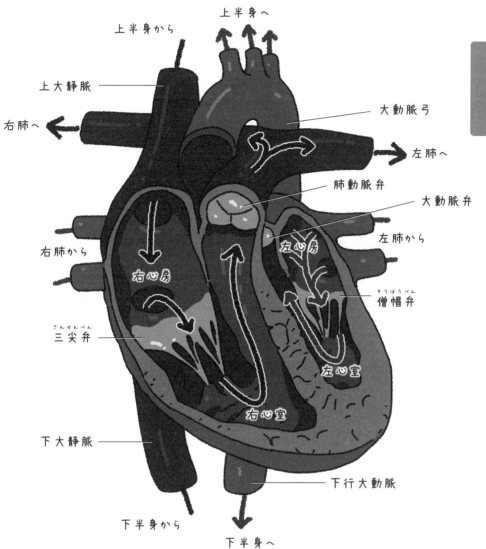

上半身から

上大静脈

右肺へ

上半身へ

大動脈弓

左肺へ

肺動脈弁

大動脈弁

右肺から

左肺から

右心房

左心房

三尖弁

僧帽弁

左心室

右心室

下大静脈

下行大動脈

下半身から

下半身へ

ん？ どういうことでしょうか？

 つまり，**心臓の中の血液は，二つの流路を通るんです。**

ポイント！

肺循環：全身からもどってきた血液→
　　　　右心房→右心室→肺
体循環：肺からきた血液→左心房→
　　　　左心室→全身

 なるほど。 心臓の右側では血液を肺へ送りだしていて，左側では全身へと血液を送りだしている，ということですね。

 そういうことです。
肺は心臓のすぐとなりにあるため，右心室が血液を送りだすときに，それほど強い力はいりません。
それに対して，頭のてっぺんやつま先まで血液を届ける必要がある左心室は，**より強い力**で血液を送りださなければなりません。

 ほぅ。心臓の左側のほうが，より頑張っているのか。

それから，もう一度179ページのイラストを見てください。

心臓の四つの部屋の出口にはそれぞれ，血液の逆流を防ぐための「弁」がついています。

べん？

はい。左右の心房の出口についている房室弁（ぼうしつべん）は，心室が収縮して中の圧力が高くなるときに，**弁どうしがぴったりとくっつきあって逆流を防ぎます。**

一方，左右の心室の出口についている動脈弁も，ぴったりと閉じることで，**動脈から心室への血液の逆流を防いでいます。**

ちゃんと**血液の逆流防止装置**がついているなんて！　やっぱり人体ってすごいなぁ。

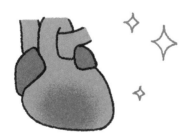

心臓って，休まずに，**ドクンドクン**と拍動しつづけていますよね。だいたい1日にどれくらい拍動しているのですか？

心臓は1分間に60～80回拍動しています。
心臓の拍動数は，**1日に10万回**です。
80年間ではおよそ30億回にも達します。

80歳まで生きるとしたら，心臓は30億回，休まずに動きつづけるのか……。

ここでは，心臓がどのように拍動して血液を循環させているのか，順をおって見ていきましょう。
心臓の拍動は，184～185ページのイラストのように，大きく五つの段階に分けることができます。
まず1段階目では，心臓の上部にある心房の筋肉がちぢみ，下部にある心室に血液を送ります（①）。
2段階目は心房の出口の弁が閉まります（②）。

心室からの逆流を防ぐんですね。

そうです。

そして，3段階目で，心臓の下部にある心室の壁がちぢみ，血液を心臓の外へと送り出します（③）。

次の4段階目で，逆流しないように心室の出口の弁が閉まります（④）。

そして最後の5段階目で，心房の出口の弁が開き，心室へと血液が少しずつ流入します（⑤）。そしてまたはじめに戻る，という流れです。

なるほど〜。**心房→心室→心臓の外**という流れで，血液は送りだされていくわけですね。

そういうことです。

そして，拍動の五つの段階の変わり目で，心房や心室の弁が開いたり，閉じたりします。

心臓の「ドクン」という鼓動（心音）は，この弁が開閉するときに出る音なのです。

あれって**弁の音だったんですか!?**

いわれてみると，なんの音なのか考えたことなかったかも。

心音はよく，**ドクン**と表現されますが，**細かく分けると四つの音から構成されます。** その中でも大きな音がするのは「I音（第1心音）」と「II音（第2心音）」で，聴診器でよく聞こえるのもこの二つです。

次のページのイラストを見てみましょう。

① 心房収縮期
心房の筋肉がちぢみ, 心室へ血液を送りだす。

② 等容性収縮期
心室の壁の収縮がはじまり, 心房出口の弁が閉じる。

③ 駆出期
心室の壁がちぢみ, 血液を心臓の外へと送りだす。

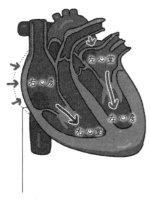

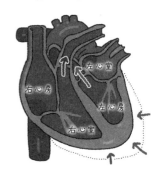

心房の壁が血液を押しだす。

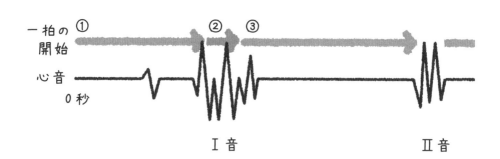

一拍の開始

心音

0秒

Ⅰ音

Ⅱ音

④ 等容性弛緩期
心室の筋肉がゆるみはじめ、心室の出口の弁が閉まる。

⑤ 充満期
心房の出口の弁が開き、心室へと血液が少しずつ流入する。

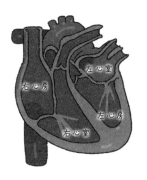

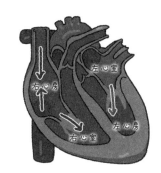

④　⑤　　　一拍の終わり

約1秒

お医者さんは**心音**を聞いて，何がわかるんですか？

 心臓の弁がうまく閉じなかったり，通り道がせまくなったりすると，血流が渦を巻いたり，逆流したりします。その場合，心音に「ザーザー」や「ゴボゴボ」といった雑音がまじるようになるんです。医師が聴診器を胸に当てて音を聞く理由の一つは，この心雑音を聞き取り，弁に異常がないかどうかを判断するためなのです。

 なるほど〜。**心臓の弁の音**を聞いていたんですね。
子供の頃からなんども聴診器の検査を受けてきましたけど，初めて知りました！

運動をすると，筋肉の血液量は30倍になる！

では，ここで問題！
安静時に，心臓から出た血液が最も多く供給される器官はどこでしょうか？

うーん，どこだろう……？
あっ！　そういえば，脳はものを考えるために大量の酸素を消費するって聞いたことがあります。
酸素は血液に乗って運ばれるはずだから，血液が最も多く供給される器官は，**ずばり，脳!?**

ぶぶーっ！　残念。ハズレです。
正解は腎臓なんです。

えっ，意外！　そういえば，腎臓は大量の血液をろ過するはたらきがあるんでしたね。2時間目にやりました！

その通りです。
1分間に左心室から出た5リットルの血液のうち，**23％前後**（1.2リットル）が腎臓へと分配されます。

そんなに!?　じゃあ，次に多いのは？

胃や小腸などの消化管ですね。脳や筋肉への供給も多いです。

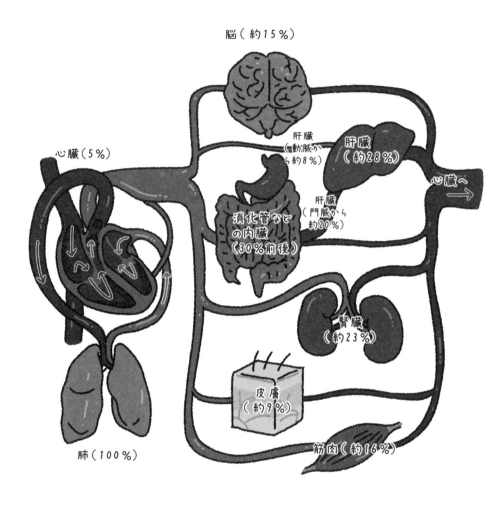

脳（約15%）

肝臓（動脈から約8%）

肝臓（約28%）

心臓（5%）

心臓へ

肝臓（門脈から約20%）

消化管などの内臓（30%前後）

腎臓（約23%）

皮膚（約9%）

肺（100%）

筋肉（約16%）

 ん？ イラストをよく見ると，血液の量は**肝臓**が一番じゃないですか？ 腎臓の約23%よりも，肝臓の約28%の方が多いですよ。

2時間目にお話ししましたが，肝臓への血液供給経路には，**心臓から直接やってくる経路（固有肝動脈）のほかに，胃腸を経由して送られてくる経路（門脈）があるんです。**

そうでしたね！

それらを合計すると，心臓から出た血液のおよそ28％（約1.4リットル）が肝臓に供給されています。だから，肝臓こそ最も多くの血液が供給される器官ということもできますね。

消化管へと送られた血液の一部が，そのあとに，肝臓に送られるわけですね。

そうです。そのために，肝臓から心臓に戻ってくる血液量が最も多くなります。
ただし，ここで説明したのは**安静時**の話です。
体の状態によって，血液の供給量は大きく変化します。

どういうふうに変化するんですか？

たとえば，はげしい運動をしたときには心拍数が上がり，また，1度の拍動で心臓から送りだされる血液の量が増加します。その結果，1分間に心臓から送りだされる血液の量は，**最大で35リットル**にもなります。これは**安静時の7倍**ほどにあたります。

ずいぶん増えますね！
体の中の血液が5リットルだったのが，35リットルになるんですか？

いえいえ，全身の血液量がかわるわけではなく，**血液の循環速度が速くなるということです。**

たしかに，走ったあとは激しくドクンドクンと脈打って，心臓が頑張って仕事している感じがします！

さらに，**激しい運動を行うと血液の供給先も変化するんですよ。**

えっ !?　どのように変わるんでしょうか？

とくに多くの酸素を必要とする**筋肉**に，血液がたくさん供給されるようになります。その供給量は**安静時の30倍**にも達します。

さ，さんじゅうばい!?
すごいですね。

ちなみに，日々トレーニングを積んでいるスポーツ選手は，運動時に多くの血液を送りだせるようになります。
1回の拍動で送りだせる血液の量が増えるため，安静時には一般の人たちよりもずっと少ない心拍数ですむようになります。

心臓が強化されるわけですね。
すごいな。

普通の人は，1分間の心拍数は60 〜 80くらいですが，トップアスリートには，心拍数が40にも満たない人たちもいます。

 ひえ〜！ なぜ，そんなことが可能に？

 そのような人たちの心臓は，筋肉が発達して肥大しているんです。このような心臓を**スポーツ心臓**といいます。

 かっこいいな！ でも，心臓が肥大するのは，あまりよくないことだと聞いたことがあります。
スポーツ心臓は，健康に悪い影響をあたえないのですか？

 高血圧の人が高い血圧に対抗して，血液をがんばって送りだそうとすると，心臓が肥大していきます。
しかし，同じ心臓肥大といっても，スポーツ心臓は健康状態には問題ないのです。

心臓病は臓器別の死因第1位

日本人の死因の第1位はがんですが，**第2位は心臓病**なんです。
がんは，大腸や肝臓などさまざまな場所でおきるため，臓器別では心臓の病気が死因のトップです。2018年には，約20.8万人が，心臓病で亡くなっています。

そんなに多くの人が，心臓病で亡くなっていたんですね。でも，そもそも心臓病って，具体的にどんな病気なのでしょうか？

心臓病とは，心臓の異常でおきる病気の総称です。
心臓病の半数を占めるのが，**心筋梗塞**や**狭心症**などの**虚血性心疾患**です。

きょけつ……？

虚血というのは，部分的に血液供給がとだえ，酸素不足におちいることを指す医学用語です。

心臓が酸素不足？
なぜそんなことがおきるんですか？

心臓は，体中の細胞に酸素を多く含んだ血液を供給していますが，当然，自分自身にも供給する必要があります。**心臓から送りだされる血液の約5％（0.3リットル）は，心臓自身に供給されているんです。**心臓が自分自身の筋肉に血液を供給するための血管を**冠動脈（冠状動脈）**といいます。

心臓自身にも血液を送っていたんですね。

そうなんですよ。その冠動脈がせばまると，心臓の筋肉への血液供給が不足してしまいます。これが**狭心症**です。胸が圧迫されるような痛みなどが生じますが，たいてい15分以内に消えてしまいます。
しかし，せまくなった冠動脈に血のかたまりがつまって，血液が流れなくなってしまうと，血液供給が絶たれて心筋の細胞が死んでしまいます。この病気が**心筋梗塞**です。
心筋梗塞がおきると，胸や背中に30分以上はげしい痛みが生じます。そして，全身への血液供給がうまくいかなくなり，最悪の場合，死に至ります。

怖いですね……。
どんな治療が行われるんですか？

悪化した狭心症には，手首や太ももの血管から，**カテーテル**という細い管を入れ，細くなった血管を広げる手術や，冠動脈に迂回路をつくる**冠動脈バイパス手術**が行われます。
冠動脈バイパス手術は，2012年に，狭心症の治療のために当時の天皇陛下が受けられた手術としても有名です。

ほかにも，心臓病ってあるんですか？

はい，**不整脈**も心臓病の大きな割合をしめます。

ふせいみゃく？

はい。心筋は一定のリズムで収縮していますが，その収縮させるしくみになんらかの異常が出ると，**心拍が一定でなくなったり，異常に速くなったり遅くなったりすることがあります。**これが不整脈です。

心臓のリズムが狂うということですか。
なぜそんなことがおきるんですか？

心筋は，**洞房結節**とよばれる場所から発信された電気信号が秩序だって伝わることで，収縮と拡張をくりかえしています。この電気信号に何か異常がおきることで不整脈がおきます。

不整脈がおきるとどうなるんですか？

不整脈の中でもとくに危険なのが，心室細動_{しんしつさいどう}というものです。これは，**心室が震えるだけで収縮しなくなってしまうために，血液を全身に送れなくなる病気です。**
そのままでは死に至りますので，一刻も早くAEDを用いて心臓を正常なリズムに戻したり，心臓マッサージを行ったりする必要があります。

今は，いろんな施設にAEDが置いてありますね。

心臓病にはほかにも，心臓の壁が分厚くなったり薄くなったりして，心臓の働きが弱くなる心筋症や，心臓の弁の不具合がおきる弁膜症などもあります。
これらの心臓病が原因となり，心臓のポンプ能力が低下すると，心不全という状態に陥ります。
心不全とは，ポンプの活動が不十分になった状態をあらわす言葉です。

うう……，どれも恐ろしいですね。心不全の治療方法はないのですか？

究極的な治療法は，他人の心臓を丸ごと移植する**心臓移植**です。ただし，**提供者（ドナー）は脳死と判定された人に限られるため，移植手術を受けられる人は非常に少ないのです。**
日本では手術が受けられるまでに，平均で3年以上待つのが現状です。

3年間も……。
それまでに悪化することも考えられますよね？　何かよい方法はないんでしょうか？

そこで，近年重要な役割を果たしているのが，**補助人工心臓**です。

人工心臓!?

はい。**小型のポンプ（補助人工心臓）を患者の体内に植えこみ，心臓の機能を補助するんです。**血液循環を維持することで全身の状態を改善させて，心臓移植を待ちます。
ともかく，心臓病は発症すると死につながる，重大なものが多いです。
胸がドキドキしたり，痛みや息苦しさを感じたりするなど，少しでも心臓の不調を感じたら，すぐに医師に相談するのがよいでしょう。

心臓は，筋肉でできた強靭な臓器ですけど，命にかかわる疾患が多いですね。気をつけよう。しかし，「胸がドキドキする♡」って，弁の開閉の音だったとは。

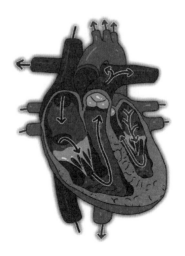

4

時間目

物を考えたり，感じたりする脳と感覚器官

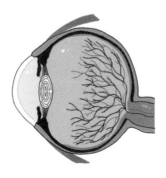

STEP 1

全身をコントロールする脳と神経

ものを考えたり感じたり，行動したり……。私たちは何をするにも脳を使っています。脳は人体の司令塔です。1000億個もの神経細胞がつくり出す脳のはたらきを見ていきましょう。

情報伝達を専門にする神経細胞

4時間目のテーマは，脳や感覚器官です。
このSTEP1ではまず，脳に焦点をあてますよ。

ものを考えたり感じたりできるのは，**すべて脳のおかげ**ですよね。それが当たり前のように日々過ごしていますが……。脳っていったいどんなものなんでしょうか？

ちょっと話が飛びますが，この**銀河系**には，1000億以上の星が輝いています。仮にそれらの星どうしが，お互いに**通信回線**でつながっているようすを想像してみてください。その通信回線がつくる**ネットワーク**が，はげしい情報のやり取りをくりかえしながら，銀河系にある1000億以上の星を一つにつないでいる……。

気の遠くなるような，**壮大な世界**ですね。

このような世界こそが，私たち一人一人がもっている**脳の姿**なのです。

 えっ！　どういうことですか？

 私たちの脳では，電気信号を伝える機能に特化した細胞である神経細胞が，およそ1000億も集まって，天文学的な規模の情報社会をつくっているんです。 この**神経細胞**こそ，脳の活動の主役です。

 私たちの脳は宇宙だった！

脳にはまだまだわからないことも多く，宇宙をしのぐ**壮大なフロンティア**だといえるでしょう。

脳の主役，神経細胞

脳に1000億個もあるという**神経細胞**は，どういう細胞なんでしょうか？

神経細胞は，脳の中でたがいに手をつなぎ，情報を伝えあう細胞です。

神経細胞は，どうやって情報を伝えるんですか？

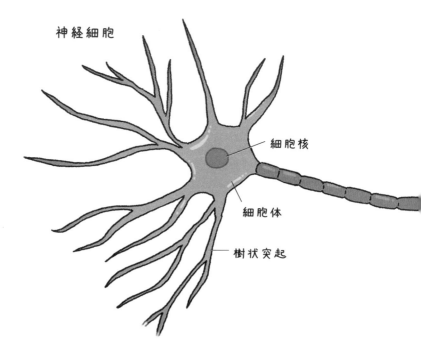

神経細胞

細胞核

細胞体

樹状突起

一つの神経細胞の中では，情報は**電気信号**として伝わります。
ただし，ほかの神経細胞との間には，ほんのわずかな**"すき間"**があいているため，電気信号を直接伝えることはできません。
そこで，電気信号のかわりに**神経伝達物質**という化学物質を放出することで情報を伝えています。

へぇ，情報の伝達手段がかわるんですね。
一つの神経細胞の中では**電気信号**を使って，別の神経細胞に情報を受けわたすときには**化学物質**を使うのかぁ。イラストを見ると，神経細胞って，たくさんの**突起**が飛び出したような形をしているんですね。これらの突起はなんのためのものなんでしょうか？

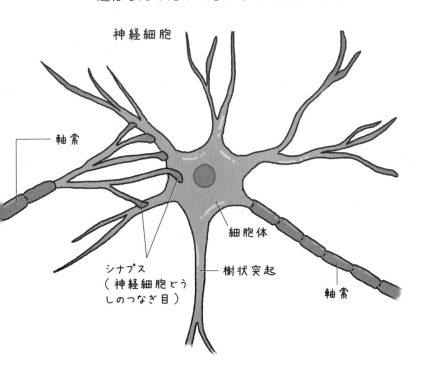

神経細胞

軸索

シナプス
（神経細胞どうしのつなぎ目）

細胞体

樹状突起

軸索

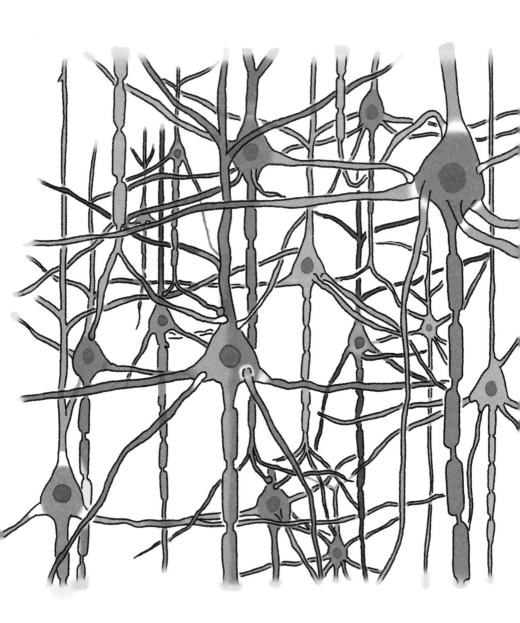

この突起で，情報の送受信が行われるんですよ。
情報受信用の突起を樹状突起，送信用の突起を軸索といいます。また，樹状突起と軸索の間にある，神経細胞どうしのつなぎめをシナプスといいます。

樹状突起で情報を受け取り，軸索で情報を次の神経細胞に渡す，ということですか？

その通りです。
神経細胞は，脳内に1000億個以上もあるといわれており，それぞれの神経細胞がたがいにシナプスでつながり合いながら，想像を絶する複雑なネットワークをつくっています。
このネットワークの中を電気信号が行きかうことによって，脳の活動がいとなまれているのです。

人体のメインコンピューター大脳

細胞レベルのミクロな話はここまでにして，脳の構造を見ていきましょう。
脳の重さは，体重60キログラムの成人男性で1.4キログラム前後です。
体重の2〜3%にすぎない脳には，心臓から出る血液の約15%が届けられ，エネルギーの約20%が脳で消費されます。
次ページのイラストは，脳の左右で分割した断面図と，大脳を前後で分割した断面図です。

横から見た断面

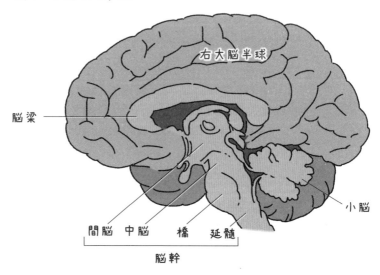

右大脳半球

脳梁

間脳　中脳　　橋　　延髄

脳幹

小脳

前方部分の断面

脳梁
左右の大脳半球を
つなぐ構造。軸索が
多く走っています。

大脳皮質（灰白質）

大脳髄質
（白質）

尾状核

被殻

右大脳半球

左大脳半球

脳室
脳脊髄液で満たされてい
るスペース（空洞）です。

一口に脳といっても，大きく，**大脳・小脳・脳幹**など
に分かれています。

それぞれどんな役割をしているんでしょうか？

まず**大脳では，視覚，聴覚などの感覚情報の処理や，運
動の指令，高度な精神活動が行われています。**脳の全重
量の4〜5割を占めていて，人体のメインコンピュータ
ーといえるでしょう。

大脳は，メインコンピューター！

次に，**小脳は姿勢や運動を調節しています。**
それから，**脳幹は間脳・中脳・橋・延髄からなり，呼吸
や体温調節，睡眠などを支配して生命を維持する，重要
な部分です。**

それぞれ担当分野がちがうんですね。

はい，そうです。次に大脳を前後で分割した断面図を見て
ください。

左右対象な形をしていますね。中央は白っぽくて，外側
は濃い。

そうですね，脳の形はおおよそ左右対称です。
大脳の表面の色の濃い部分は**大脳皮質**といい，ここに
は，**神経細胞の本体**がつまっています。**思考**など，
脳のはたらきに重要な機能をはたしています。

じゃあ，内側の色の薄い部分は？

 ここは**大脳髄質**といって，神経細胞の本体は存在せずに，本体から伸びた**軸索**が集まって走っています。

 細胞の本体がたくさんある場所と，軸索がたくさんある場所が分かれているんですね。

大脳は場所によって仕事がちがう

 大脳の表面って，すごく**シワシワ**ですよね。

 このしわは，大きく発達した1枚のシート（皮質）を，頭蓋骨の内側にある限られた空間におしこめたためといえるでしょう。
しわのもようは完全にランダムではなく，**大きなしわができる場所は決まっているんですよ。**

 へ～，完全にランダムなのかと思っていました。

 大脳皮質は，大きなしわを境界に，**前頭葉，頭頂葉，後頭葉，側頭葉**の四つの部位に大きく分けられます。
そして大脳皮質は，場所ごとにことなるはたらきをになっています。

 さらに役割分担をしているんですね。

はい。たとえば，頭のうしろ側にある**後頭葉**の一部が傷つくと，視野が欠けてしまうことがあります。この脳の領域には，目からの情報が送られているからです。ここを**一次視覚野**とよびます。

また，視覚だけなく，五感の情報が送られてくる脳の領域は，それぞれことなります。

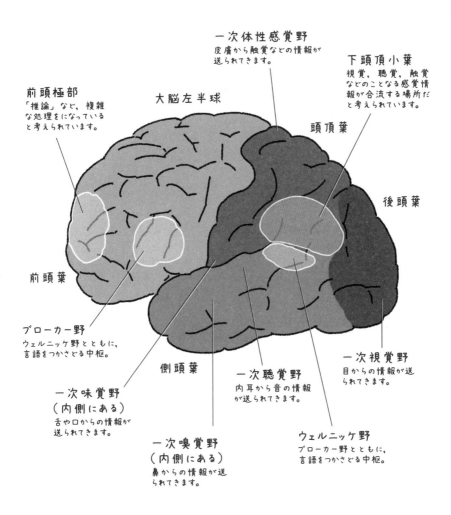

一次体性感覚野
皮膚から触覚などの情報が送られてきます。

下頭頂小葉
視覚，聴覚，触覚などのことなる感覚情報が合流する場所だと考えられています。

前頭極部
「推論」など，複雑な処理をになっていると考えられています。

大脳左半球

頭頂葉

後頭葉

前頭葉

ブローカー野
ウェルニッケ野とともに，言語をつかさどる中枢。

一次味覚野
（内側にある）
舌や口からの情報が送られてきます。

側頭葉

一次嗅覚野
（内側にある）
鼻からの情報が送られてきます。

一次聴覚野
内耳から音の情報が送られてきます。

ウェルニッケ野
ブローカー野とともに，言語をつかさどる中枢。

一次視覚野
目からの情報が送られてきます。

そういえば，脳は右脳と左脳に分かれていますが，右と左でも，やはり機能はちがうわけですか？

 そうですね。右脳と左脳は形こそよく似ていますが，優先的ににになう機能がことなります。
左脳は，言語，秩序だった論理的な思考，記号や言語などを使って物事を一般化して考えるといった，抽象的な思考に優先的にかかわることが多いです。

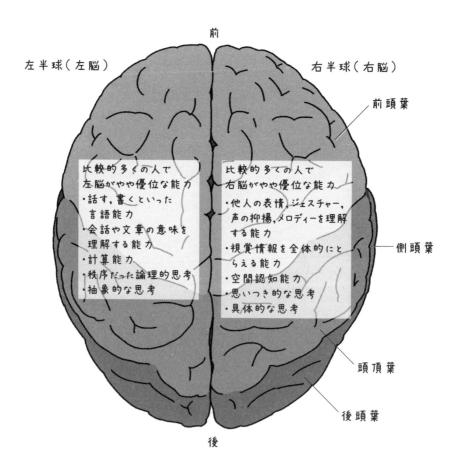

左脳は論理的……。 では右脳は？

 右脳はメロディーを把握する能力，空間認知能力，思いつき的な思考，個々の具体的な物や事がらについての思考に優先的にかかわることが多いです。

 右脳と左脳はちがうんだ。 面白いですね。

たくさんの神経の通り道，脊髄

 筋肉を動かせ！　などの脳の指令は，脊髄（せきずい）を経由して，全身へと届けられます。また，全身の皮膚や筋肉で得た感覚も，脊髄を経由して脳へと届けられます。

 脊髄は，背骨の中にあるんですよね？

 はい，そうです。**脊髄とは，首から腰までつらなった，太くて長い神経の集まりです。**脊髄は脳と並び，体の各部からの情報を処理して指令を出す神経の中枢です。そのため，脳と脊髄をあわせて，**中枢神経**といいます。

 ちゅうすうしんけい……。

脊髄の左右には，31対の神経が伸びており，全身とつながっています。脳と脊髄以外の全身にはりめぐらされた神経を**抹消神経**といいます。次のイラストは，脊髄の構造をえがいたものです。

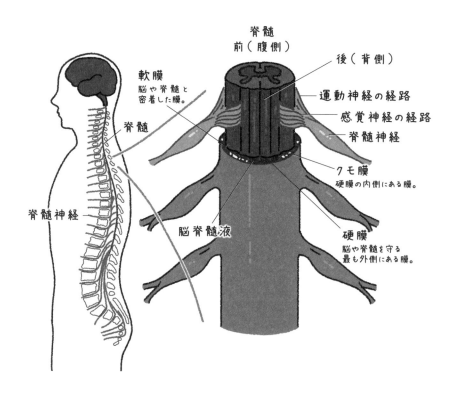

脊髄
前（腹側）

後（背側）

軟膜
脳や脊髄と
密着した膜。

運動神経の経路

感覚神経の経路

脊髄

脊髄神経

クモ膜
硬膜の内側にある膜。

脊髄神経

脳脊髄液

硬膜
脳や脊髄を守る
最も外側にある膜。

脳からの指令は, どうやって全身に伝えられるんですか?

たとえば運動の指令は, 大脳皮質の**一次運動野**を出発し, **脊髄**を下って**運動神経**へと受けわたされます。
運動神経は, 脊髄から**筋肉**へのびており, 担当する筋肉へ指令を振り分けることになります。

それじゃあ逆に, 皮膚や筋肉で得られた**情報**は, どうやって脳にいくんでしょうか?

体の各部からの感覚情報は, 経路はさまざまですが, 感覚神経を経て脊髄を通り, 最終的に大脳皮質の**感覚野**に達します。
運動神経や感覚神経のほとんどは, 途中で左右の位置が入れかわり, 左右の半身は脳の反対側に支配されています。

脳からの情報も, 全身からの情報も, **基本的に脊髄を経由する**わけですね。

そういうことです。
それから, 脊髄は場所によって, 体のどの部位を担当するのか, 守備範囲が決まっているんですよ。

脊髄の守備範囲?

はい, それを示したのが次のイラストです。

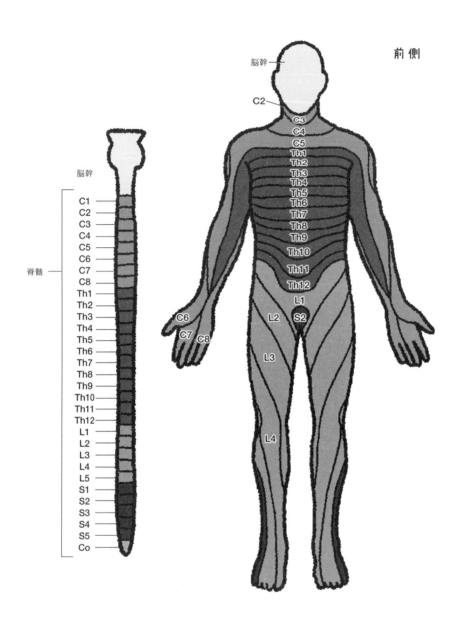

前側

脳幹

C2

C3
C4
C5
Th1
Th2
Th3
Th4
Th5
Th6
Th7
Th8
Th9
Th10
Th11
Th12
L1
L2 S2
C6
C7 C8
L3
L4

脳幹

脊髄

C1
C2
C3
C4
C5
C6
C7
C8
Th1
Th2
Th3
Th4
Th5
Th6
Th7
Th8
Th9
Th10
Th11
Th12
L1
L2
L3
L4
L5
S1
S2
S3
S4
S5
Co

たとえば，人差し指と中指の感覚は「C7」につながる脊髄神経が受けもちますが，薬指と小指の感覚は「C8」につながる脊髄神経が受けもちます。

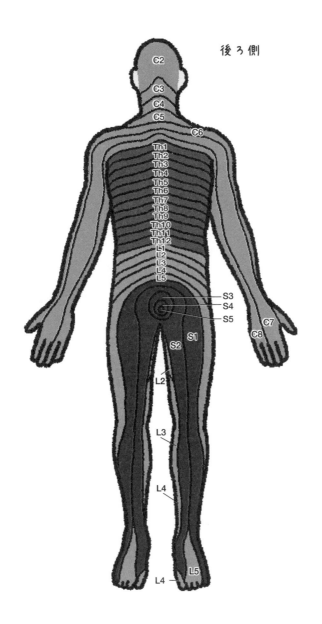

どこの部位の情報を受けもつか，脊髄の場所ごとに決まっているんですね。

事故などで脊柱が大きな衝撃を受け，脊髄が傷つく**脊髄損傷**になると，体の一部や全身が麻痺してしまいます。脊髄を損傷すると，損傷部位とそれより下の神経が機能不全におちいってしまうので，損傷部位が上部にあるほど，障害が出る範囲は大きくなります。

現代の医学をもってしても，脊髄損傷は治すことができません。世界中の研究者によって，脊髄の再生をめざした研究が行われています。

体には戦闘モードと休息モードがある

全身の各部に伸びる運動神経や感覚神経は，抹消神経に分類されます。さらに，抹消神経にはもう一種類，**自律神経**という神経も存在しています。

自律神経失調症とか，聞いたことがあります。『自律神経を整えよう！』みたいな本もよく見かけますし。自律神経って何なのですか？

自律神経は，心臓や胃などの内臓のはたらきを制御している，意識的にコントロールできない神経系のことです。

自分でコントロールできない神経系？

はい。たとえば，興奮すると胸がドキドキと高鳴りませんか？

ああ、なりますね。緊張すると自分の意思と裏腹に、勝手に汗が出てきたり、顔が赤くなったり……。

そう、それです。そして、リラックスすればおさまりますよね。こうした切り替えを行うのが、自律神経なんです。自律神経は**交感神経**と**副交感神経**という、はたらきが相反する2種類の神経系からなりたっているんです。

こうかんしんけいと、ふくこうかんしんけい……。
うーん、どういうことでしょうか？

交感神経は、危険を察知したり、ストレスを感じたりしたときにはたらき、体を"戦闘モード"に近づけます。
具体的には、交感神経がはたらくと、心臓の拍動が速まり、鳥肌が立ち、食欲が減退するといった体の変化が生じます。

じゃあ、緊張したときに汗をかくのも、交感神経のはたらきだったんですね？

その通りです。

一方，**副交感神経は，体を“休息モード”に近づける神経系です。**

副交感神経がはたらくと，心臓の拍動は遅くなり，食欲が増して，胃や腸などのはたらきが活発になります。**危険やストレスがなくなり，リラックスできる状況になると，副交感神経のはたらきがうながされます。**

交感神経と副交感神経は，シーソーのようにバランスを保っているんです。

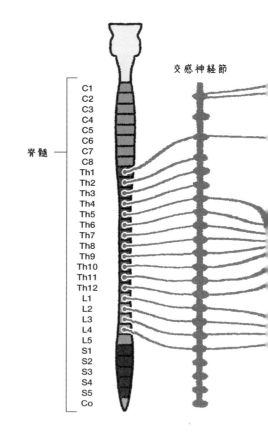

交感神経

交感神経と副交感神経は **まったく逆のはたらき** をするんですね。

 はい，そうなんです。
下のイラストは，交感神経と副交感神経が，それぞれ体のどこに接続しているかを示したものです。

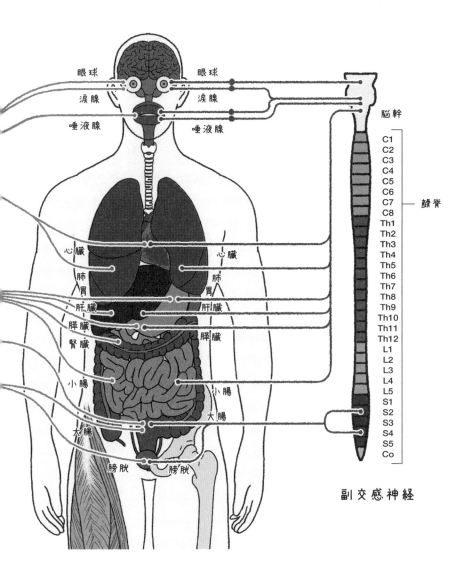

副交感神経

もうすぐ仕事のプレゼンがあるんですけど，いつもすっごく緊張しちゃって。心臓がばくばくしているときに，**意識的**に副交感神経をはたらかせることはできないんでしょうかっ!?

自律神経のはたらきは，大脳の思考や判断とは独立しているので，**自分の意思で変えることはできません。**

うう……。やはり自分の意志ではどうにもならないんですね。

残念ながら……。
それから自律神経は，**不規則な生活習慣やストレス**などが重なると，はたらきが不調になることがあります。この状態を**自律神経失調症**などといいます（ただし公式な病名ではありません）。
交感神経と副交感神経のバランスがくずれることで，めまいや頭痛，体のだるさなど，全身にさまざまな不調が出てしまうんです。

ああ，それが自律神経失調症なのか。もし，そのような症状が出たときは，どうすればいいんでしょうか？

まずはゆっくり休み，生活環境を見直して，それでも改善しなければ医師に相談するのがよいでしょう。

感覚を生み出す感覚器官

私たちは，見たり，聞いたり，におったりして，外の世界の情報を得ています。そのしくみは，おどろくほど精巧です。ここでは，視覚，聴覚，嗅覚，味覚といった感覚のふしぎにせまります。

目は，手ブレ防止機能をもつ高機能センサー

ここからのテーマは外界の情報を得るための**感覚器官**です。

目や耳ですね！

そうです。
まずは，目のしくみを解説しましょう。
ご存じのとおり，**目は，周囲の光を受け取って，外の情報を映像として得るための装置（器官）です。**

知識としては知っているけれど，実際に，目ってどんな構造をしているんでしょうか？

目には**角膜**と**水晶体**という２枚のレンズがあります。目に入った光は，それらのレンズによって進路を曲げられます。そして水晶体から約17ミリメートルのところにある**網膜**の位置で像を結ぶようになっています。

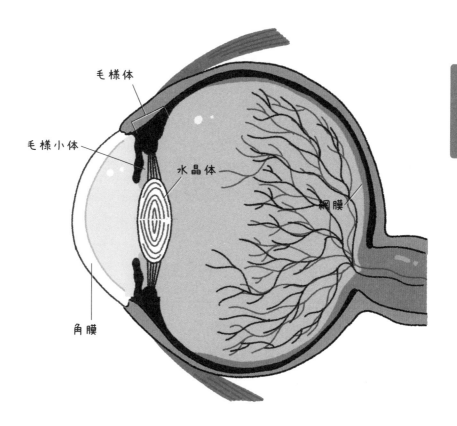

毛様体

毛様小体

水晶体

角膜

網膜

 デジタルカメラみたいですね。

 そうですね。**網膜は，目のセンサーにあたるものです。**
網膜には，光を受け取る**視細胞**がおよそ１億個並んでい
るんですよ。

 い，１億個も!?

つまり，デジタルカメラでいうと**1億画素**ということです。

二つのレンズでピントを合わせて，網膜で光を受け取り，光の情報を電気信号に変えて，脳に送るんです。

脳でその信号を処理することで，私たちは映像として認識することができるわけです。

なるほどー。

網膜の視細胞でとらえた情報が脳に送られるんですね。

ところで最近，SNSにアップするために料理の写真をよく撮るんですけど，たまにピントがずれて，ぼっけぼけになるんです。

近くのものでも遠くのものでも，目は一瞬でピントを合わせられますが，どうやってピントを合わせているんでしょうか？

ピント合わせで重要なのは，第2のレンズ，水晶体です。**水晶体は，かためのゼリーのように弾力をもっていて，厚みを変えることができるんです。**

遠くに置かれたリンゴから
放たれた光

手もとにある雑誌から
放たれた光

ゼリー!? 厚みを変える!?
いったいどうやって?

水晶体は，毛様体という筋肉などでできた組織に引っ張られています。水晶体の引っ張り具合を変えることで，厚みが変わるんです。

遠くを見るときは，水晶体は毛様体に引っ張られて薄いままです。しかし，近くを見るときには毛様体が収縮します。すると水晶体を引っ張る力が弱くなり，水晶体は，それ自体の弾性力で厚くなります。そして，より大きく光を曲げます。

このように，厚みを変えることによって，見るものまでの距離によらずに，網膜に光を集めることができるのです。

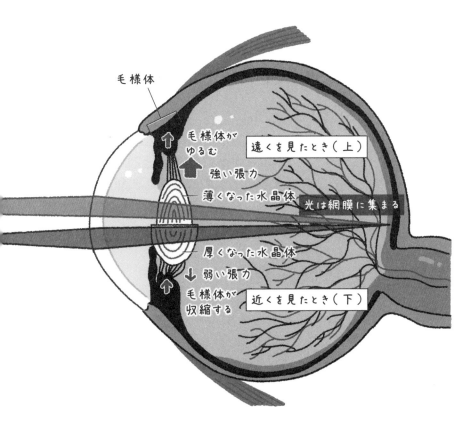

毛様体

毛様体がゆるむ

強い張力

薄くなった水晶体

遠くを見たとき（上）

光は網膜に集まる

厚くなった水晶体

弱い張力

毛様体が収縮する

近くを見たとき（下）

オートフォーカスってことですか！
本当に，デジタルカメラですね。角膜や水晶体がレンズで，網膜がセンサー……。

たしかに，どちらも光を電気信号に変える機能をもっていて，つくりが似ていますね。
そういえば，目には優秀な**手ブレ防止機能**もついているんですよ。

えええ〜！　そんな機能まで!?

走行中の電車の中でも，ブレを気にせず本を読むことができますよね。
でも，ゆれている電車の中で**写真**を撮ろうと思うと，結構ブレると思いますよ。

あぁ，たしかに！　今まで自分の目のブレは気になったことはないですね。いったいどうやってブレを防止しているんですか？

左右の眼球には，眼球を動かす筋肉が**それぞれ六つ**ついています。**耳で頭のかたむきや動きを感知すると，その動きを打ち消す方向へ眼球を瞬時に動かして，視線を一定に保っているんです。**

うわ〜。**超高性能。**

そうでしょ。さらに，デジタルカメラとちがって，目の部品は血管によってつねに**自動**でメンテナンスされつづけていますから，**もう，超優秀**なんですよ。

すごい。すごすぎる！

ここで，センサーの役割をはたす網膜の**視細胞**について，少しくわしく見てみましょう。

視細胞は細長い形をしていて，それが突き刺さるようにして並んでいます。

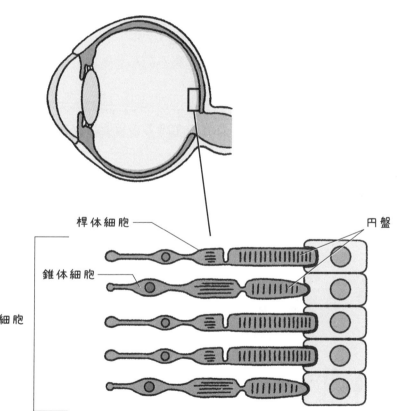

桿体細胞

錐体細胞

視細胞

円盤

そして，視細胞の先にある**円板**という部分に，光と反応する物質が含まれています。**この物質が光と反応すると，視細胞の内部に電気信号が発生するんです。**

イラストには，錐体細胞（すいたいさいぼう）と桿体細胞（かんたいさいぼう）と，2種類がえがいてありますが，これはどうちがうんでしょうか？

視細胞は，大きく分けると，その2種類があるんです。そして，両者は**感度**がことなります。
まず，**錐体細胞は感度が低く，満月の夜の明るさより明るいところではたらきます。**
一方，**桿体細胞は感度が高く，もっと暗いところではたらきます。**
これら2種類のセンサーによって，晴天の太陽の下から星空の下まで，**明るさが100万倍以上ちがう環境でも物を見ることができるのです。**

2種類のセンサーを使い分けていたのか～。
明るさが100万倍ちがっていても，ものを見ることができるなんて，どんだけ高性能なんだ！

でも，桿体細胞の方は，色を区別することはできません。ですから，暗い場所では，ものが見えたとしても，色はよくわからないんです。

錐体細胞は，どのようにして色を区別しているんでしょうか？

錐体細胞には，３種類あります。その３種類は，赤・緑・青と，それぞれ反応しやすい色がちがうんです。そのため，**それぞれの細胞が吸収する光の量の割合によって，色を識別することができるんですよ。**

すご～！　なんですかその機能！

スマホ老眼に要注意

私，高校生のころから目が悪くて，コンタクトレンズをつけているんです。
近視と**乱視**の両方があって，裸眼ではほとんど何も見えないんですよ。
近視や乱視って，どういう状態なんでしょうか？

本来，光は目に入るときに屈折して，網膜で１点（焦点）に集まり，像を結びます。
しかし，**近視では，遠くのものを見るとき，焦点の位置が網膜より手前にきてしまうのです。**そのため，遠くのものがぼやけて見えます。

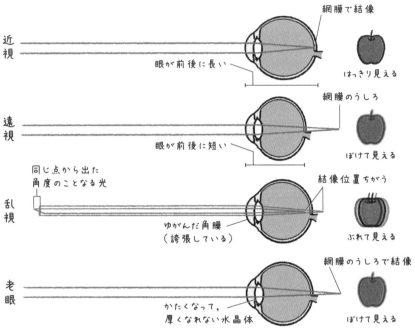

近くのものを見るとき

近視　網膜で結像　眼が前後に長い　はっきり見える

遠視　網膜のうしろ　眼が前後に短い　ぼけて見える

乱視　同じ点から出た角度のことなる光　ゆがんだ角膜（誇張している）　結像位置ちがう　ぶれて見える

老眼　かたくなって、厚くなれない水晶体　網膜のうしろで結像　ぼけて見える

近視はなぜおきるんでしょう？

近視がおきる原因は、**角膜や水晶体の屈折力が大きくなることと（屈折性近視）、成長にともなって、眼球が正常よりも前後に長くなることです（軸性近視）。**両者の影響で、焦点が網膜よりも手前にきてしまうんです。
ちなみに、遠視はその逆で、眼球が短くなって焦点の位置が網膜よりも奥にくるため、近くのものも遠くのものもぼけて見えづらくなる症状です。

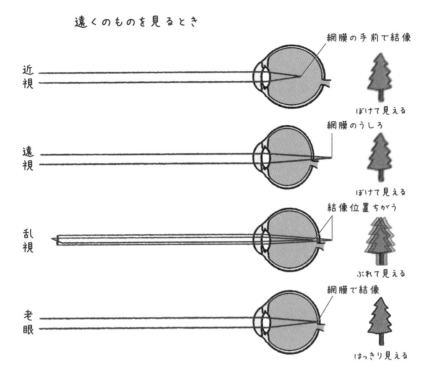

遠くのものを見るとき

近視 — 網膜の手前で結像 — ぼけて見える

遠視 — 網膜のうしろ — ぼけて見える

乱視 — 結像位置ちがう — ぶれて見える

老眼 — 網膜で結像 — はっきり見える

 では**乱視は？**

 乱視は，角膜がゆがんで光の焦点の位置が一致せず，ものがぶれて見える症状です。

 角膜がゆがむ……。

 そして，高齢になると，今度は**老眼**になっていきます。通常，水晶体の厚みを変えることで目はピントを合わせています。でも，**年をとるにつれ水晶体が硬くなり，弾力性がなくなってきます。こうして水晶体は，近くのものを見るために厚くなるという調節機能を失うため，近くのものが見えづらくなるのです。**

231

なるほど。うちの父は文字を読むときには老眼鏡が手放せないんですけど，もう父の水晶体は硬くなっちゃってるんですねぇ。ま，私はまだピチピチの20代なので，とうぶん老眼を気にする必要はなさそうですけどね！

ところがどっこい，最近では若い人でも"スマホ老眼"の症状をうったえる人がふえているんです。

なにぃ！ 若い人でも老眼〜？

近くを長く見つづけると，水晶体の厚みを調整する毛様体が疲労して，適切に水晶体の厚みを変えられなくなってしまうんです。**スマホの画面を長時間見つづけることで焦点を合わせにくくなる症状が"スマホ老眼"と呼ばれているんです。**医学的には**調節緊張症**といいます。

そういえば，休みの日に，1日ずっとスマホをいじっていると，夜テレビを見るときに見づらい気がする。
どうしよう！ スマホ老眼かな？ どうすればいいんですか？

スマホ老眼は，目を休めることで回復します。
でも，目を酷使しつづけると，**眼精疲労**の状態に進んでしまうこともありますから，要注意です。

眼精疲労？ 目薬のCMで聞いたことがあります。

眼精疲労とは，**目の痛みや充血**などの目の症状だけでなく，**頭痛や肩こり，吐き気**など全身に問題が発生し，睡眠をとっても十分回復しない状態になることです。

休んでも治らなくなる!?

怖いでしょう？　そうならないためにも，長く画面を見つづけることをさけて，適度に目を休めることが重要です。**目をつぶったり，遠くを見たりすることで毛様体をゆるめましょう。**

また，スマホの画面は目から40センチメートル以上はなすことが推奨されています。スマホの画面は小さく，目の負担が大きいとされているので，長く見つづけることはさけましょう。

スマホもほどほどにってことですね。

耳の"カタツムリ"で音を感知する

目の話はここまでにして次は，耳です。
耳は音を感じとる器官ですが，じつはそれ以外にも重要なはたらきがあるんです。

耳って音を聞くためだけのものではないんですか？

実は，**耳は頭の傾きや動きを検知する器官でもあるんです。**

聴覚と平衡感覚をになうのが，耳なんです。

そうだったんだ。初耳！

まずは音を感じとるしくみを見てみましょう。

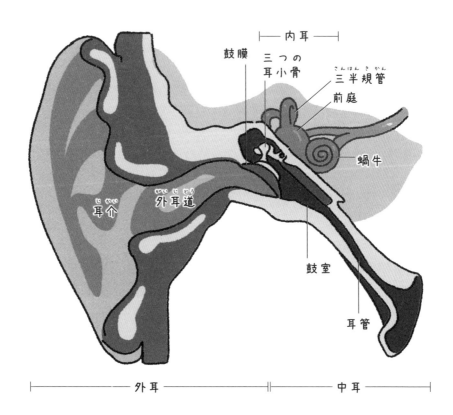

外耳 —— 中耳

内耳
鼓膜
三つの
耳小骨
三半規管（さんはんきかん）
前庭
蝸牛
耳介（じかい）
外耳道（がいじどう）
鼓室
耳管

 耳に届いた音は，まず集音装置である**耳介**（じかい）で集められ，**外耳道**（がいじどう）を通って**鼓膜**（こまく）を振動させます。
さらに，その振動は，**耳小骨**（じしょうこつ）という小さな骨を経由して**内耳**（ないじ）へと伝わります。
耳小骨は，音の振動の力を**20倍以上**に増幅させるんですよ。

耳の中で音の振動が増幅されるのか……って**スピーカー!?** 耳もなかなかすごい器官ですね。ところで，ないじって何ですか？

 内耳とは，耳小骨の先にある部分のことです。拡大して見てみましょう。

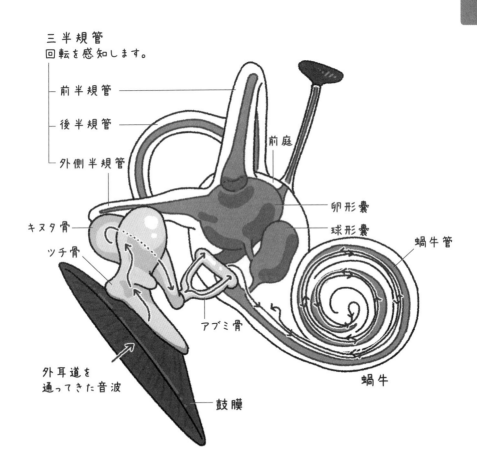

三 半 規 管
回転を感知します。

─ 前 半 規 管

─ 後 半 規 管

─ 外 側 半 規 管

前庭

卵形嚢

球形嚢

蝸牛管

キヌタ骨

ツチ骨

アブミ骨

外耳道を
通ってきた音波

蝸牛

鼓 膜

ぐるぐるしてて，**すっごく複雑な形。**

内耳は，頭蓋骨（側頭骨）にあいたトンネルのような構造をしています。**複雑な形をしているので，骨迷路とよばれます。**

骨迷路！ 面白い名前ですね。なんだか巻貝みたいな形にも見えますね。

ええ。渦巻き状の部分を蝸牛管（かぎゅうかん）といいいます。**この蝸牛が，聴覚をになっているんですよ。**

か，かたつむり。 見た目そのまんまですね。蝸牛管では音の振動はどのように処理されるんですか？

蝸牛管には，毛が生えた**有毛細胞**という細胞が，渦巻きの通路に沿って並んでいます。
鼓膜から伝わってきた振動は，有毛細胞の"床"（基底板）をゆらします。すると，振動が有毛細胞の毛に伝わり，電気信号が発生します。この電気信号が脳に伝わることで，音が聞こえるわけです。

毛が生えた細胞が音を電気信号に変えるとは。**耳の中って，繊細なんですね。**

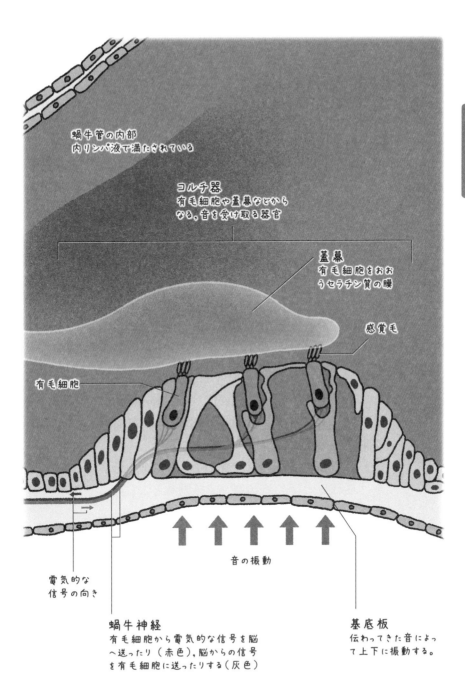

蝸牛管の内部
内リンパ液で満たされている

コルチ器
有毛細胞や蓋幕などから
なる，音を受け取る器官

蓋幕
有毛細胞をおお
うセラチン質の膜

感覚毛

有毛細胞

音の振動

電気的な
信号の向き

蝸牛神経
有毛細胞から電気的な信号を脳
へ送ったり（赤色），脳からの信号
を有毛細胞に送ったりする（灰色）

基底板
伝わってきた音によっ
て上下に振動する。

しかし，大きな音を長時間聞くと，有毛細胞からのびる毛が損傷し，折れたり抜けたりすることがあります。**有毛細胞は，一度こわれてしまうと元にもどることはなく，難聴や耳なりを引きおこしてしまいます。**イヤホンやヘッドホンで音楽を聴く人は，大きすぎる音量で長時間，聞き続けるのは避けたほうがよいでしょう。

ヘッドホン難聴ってやつですね。聞いたことあります。

細胞の小さな毛にとって，大音量は台風みたいなものですよね。きっと。うーん，気をつけなきゃ。

音が聞こえるしくみは何となくわかってきました。じゃあ，**高い音**とか，**低い音**はどのようにして聞き分けるんでしょうか？

蝸牛管の基底板は，蝸牛の頭部にいくほど幅が広くやわらかくなっています。このため，**蝸牛の底部ほど高い振動数でゆれやすく，頂部ほど低い振動数でゆれやすいんです。**

ヒトが2万ヘルツの高音から20ヘルツの低音までを聞き分けられるのは，**音の高さ（振動数）ごとに，振動する基底板の場所が決まっているからです。**

音の高さによって振動する場所が変わるのか。しかも，かなりの低音から高音まで聞きとれるんだ。耳って，あらためて，**すごい器官ですね。**

そうなんですよ。しかもそれだけじゃないんです！
最初に少しお話ししたように，耳は音だけでなく，**平衡感覚もつかさどっているのです！**

そうでしたね！　平衡感覚なんて，いったいどうやって感じとられるんだろう。

平衡感覚は，頭の回転運動と，頭の傾きとがあります。まず，**頭の回転運動を感知するのは，内耳にある三つの半規管です。**
そして，頭の傾きを感知するのは，<ruby>前庭<rt>ぜんてい</rt></ruby>という部分にある，<ruby>卵形嚢<rt>らんけいのう</rt></ruby>と<ruby>球形嚢<rt>きゅうけいのう</rt></ruby>とよばれる部分です。卵形嚢が主に頭の傾きや水平方向の動きを感知し，球形嚢は主に垂直方向の動きを感知してるんです。

運動の方向ごとに感知する部分がことなるんですね。いったいどうやって感知してるんでしょうか？

回転運動を感知する三つの半規管の中は，**リンパ液**で満たされています。**頭が回転するとリンパ液に流れが生じて，半規管の中に分布している有毛細胞に伝わり，頭の回転運動を感知するんですよ。**

うわ，そんなしくみだったんで知らなかったです。
じゃ，じゃあ，傾きはどうやって？

球形嚢と卵形嚢の中には，**耳石**（平衡砂。炭酸カルシウムの結晶）が敷き詰められています。

そして，それぞれ**球形嚢には水平方向に，卵形嚢には垂直に有毛細胞が分布していて，頭が動くと，耳石の動きが有毛細胞に伝わり，頭の運動を感知するんです。**

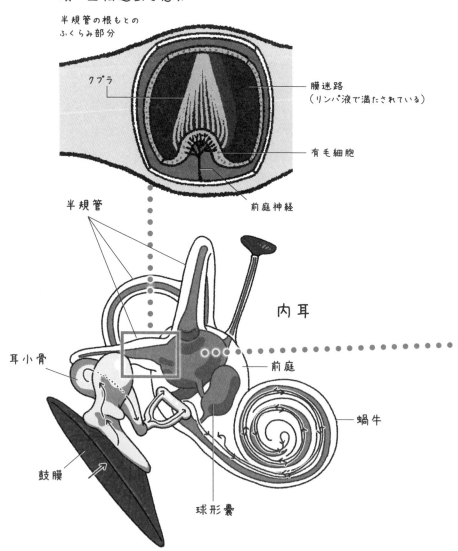

頭の回転運動を感知

半規管の根もとの
ふくらみ部分

クプラ

膜迷路
（リンパ液で満たされている）

有毛細胞

前庭神経

半規管

内耳

耳小骨

前庭

蝸牛

鼓膜

球形嚢

へえぇ～！ 3Dの動きは液体，水平・垂直の動きは砂の動きが伝えているんですね！

 面白いでしょう？

でも，内耳に異常があると，**めまい**や**難聴**をおこすことがあるんです。

ちなみにある種のめまいは，何かの拍子で耳石が剥がれて，そのかけらが三半規管に入り込み，リンパ液の流れを乱して脳にあやまった信号が送られてしまうのが原因ではないかといわれているんですよ。

 そうなんですね～。**耳って，すごく複雑で繊細**な器官なんですね。

それにしても前庭に石とか，カタツムリや迷路とか，耳の奥って不思議だな。

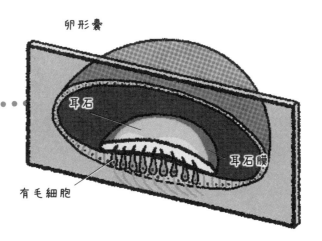

卵形嚢

耳石

耳石膜

有毛細胞

頭の傾きや水平方向の運動を感知

次は**嗅覚**，においです。

鼻ですね！

はい。
鼻の穴の奥には，奥行き10センチメートル，容積10〜15立方センチメートル（10〜15ミリリットル）の空間が広がっています。この空間を**鼻腔**といいます。

結構広いですね。 においを感じ取るのが，鼻腔なのですか？

その通りです。
鼻腔内の表面は**粘膜**におおわれています。
そして，鼻腔深くの天井部にあたるわずかな領域に，においの分子を検知する神経細胞が分布する**嗅粘膜**があります。
鼻腔をおおう粘膜の表面積は，郵便はがき大の150平方センチメートルほどですが，そのうち，**においを感じる部分は5平方センチメートルほどにすぎないんですよ。**
ちょうど，普通切手1枚の面積とほぼ同じくらいですね。

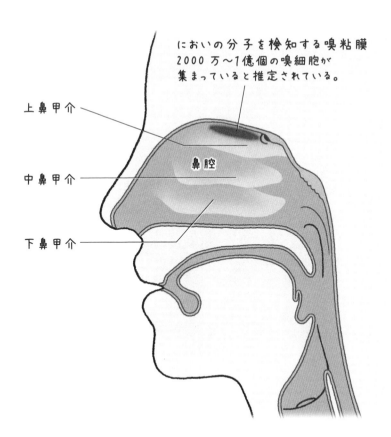

においの分子を検知する嗅粘膜
2000万〜1億個の嗅細胞が
集まっていると推定されている。

上鼻甲介

中鼻甲介

下鼻甲介

鼻腔

においを感じるのは，鼻の中のすごくせまい領域なんですね。

はい，**この嗅粘膜の表面に，においを感知する嗅細胞（きゅうさいぼう）がならんでいるんです。**

きゅうさいぼう？

嗅細胞は，嗅繊毛（きゅうせんもう）という微細な毛が生えていて，そこににおいの物質を受けとる**受容体**というタンパク質をもっているんです。

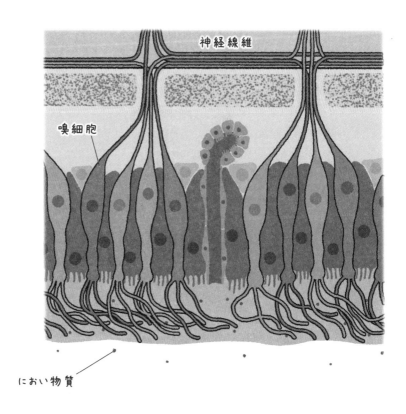

神経線維

嗅細胞

におい物質

そして、**受容体にぴったりはまるにおい物質がくると、嗅細胞の内部で電気信号が発生し、情報が伝えられます。**
ヒトは、約400種類の受容体をもっていて、一つの嗅細胞はそのうち1種類の受容体をもっています。

400種類の受容体でにおいをかぎ分けることができるわけですね。ということは……、**ヒトは400種類のにおいを認識できる**ということですか？

いえいえ！**ヒトは数万ものにおいを認識できる**といわれているんです！

えっ!? 受容体が400種類しかないのにどうやって数万種類のにおいを区別できるんですか？

におい物質の多くは，その分子のさまざまな部位で，複数の受容体に結合します。
ヒトは，におい物質を感知した受容体の組み合わせで，数万種類ものにおい物質を認識しているんです。
受容体自体が400種類しかなくても，その組み合わせは，無数にありえますから。

400種類のセンサーを組み合わせてるのか！
だからたくさんのにおいをかぎ分けることができるんですね。

ちなみに，**においの感じ方には個人差も大きいようです。**
約400種類ある嗅覚の受容体の一部が，人によっては機能していなかったり，機能が落ちていたりすることがあるんです。

えっ!? じゃあにおいがわからない人もいるってことですか？

におい物質の多くは複数の受容体を活性化させるので，一部の受容体が機能していなくても，ほかの受容体でにおいを感じることができます。
ただし，たくさんの受容体が機能している人の方が，似たにおいをかぎ分ける能力が高いといえるでしょう。

味のセンサーは，のどや口の天井にもある

4時間目STEP2の最後は，味覚がテーマです。

おいしいもの大好き！
味覚といえば舌ですよね。

実は，味を感じとるのは，舌だけではないんですよ。

えっ!?
ほかにどこで感じとるというのですか？

味を感じるのは味細胞という細胞です。
味細胞は数十個集まって味蕾という構造をつくっています。この味蕾は，舌の表面だけでなく，のどやうわあごの奥にも散在しているんですよ。

舌だけじゃなくて，のどやうわあごの奥でも味わっているということなんですね。

そういうことです。
ただ，**味蕾の80%ほどが舌の上にあります。**
それから，舌の味蕾も，舌全体にまんべんなく分布しているわけではなく，舌の先や根元付近，側縁後方などに集中しています。
ですから，**味は味蕾が集まっている部位で，より感じやすくなります。**

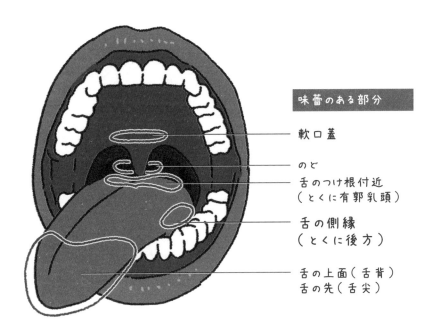

味蕾のある部分

軟口蓋

のど

舌のつけ根付近
（とくに有郭乳頭）

舌の側縁
（とくに後方）

舌の上面（舌背）
舌の先（舌尖）

なるほど。舌の部位によって，味の感じやすさがちがうのかぁ。
味蕾とは，どういうものなんでしょうか？

舌の上にある味蕾は，舌乳頭（ぜつにゅうとう）という突起状の構造にくみこまれています。
次のページのイラストは，舌の付け根付近にある舌乳頭の一種，有郭乳頭（ゆうかくにゅうとう）という構造をえがいたものです。

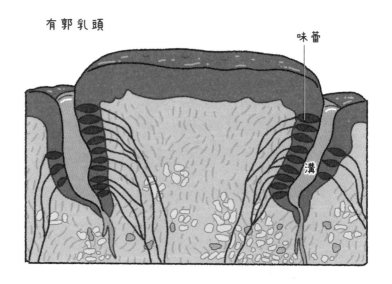

有郭乳頭

味蕾

溝

有郭乳頭の直径は2ミリメートルほどで，舌に10個前後あります。そして，一つの有郭乳頭には，200個をこす味蕾が集まっています。

舌にそんな構造があるなんて，はじめて知りました。

溝の部分にたくさんの味蕾があるんですね。

肉眼で見ることはできないんですか？

舌を思い切り前に出して横へ曲げるようにすれば，見えると思いますよ。

へーっ，今度見てみよう。それで，味蕾ではどうやって
味が感知されるんでしょうか？

味蕾には味覚を感知する**味細胞**が集まっています。
**一つの味細胞は，甘味，苦味，塩味，酸味，うま味の五
つの味のうち，1種類の受容体だけをもちます。**
この受容体に味物質がくっつくと，**電気信号**が発生す
るしくみになっているんですよ。

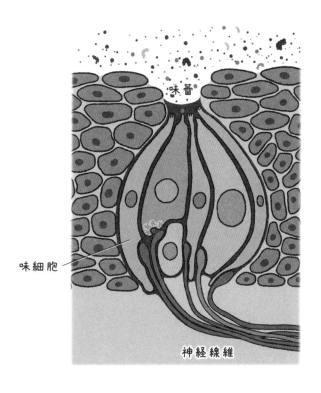

味蕾

味細胞

神経線維

においは400種類の受容体でしたけど，味はたったの5種類なんですね。五つの味でいろんな食べ物の味を感じとれるなんて……。
そういえば，**辛さ**ってどうやって感じとるんですか？ 辛みも味ですよね？

おーっ，いい質問。
辛みは，実は，味覚では感じていないんです。

えっ？ でも，確かに口の中で辛さを感じますけど。

実は，辛みは**熱さや痛みと同じセンサー**で感じているんです。
味覚の神経ではなく，三叉神経という別の神経で脳に伝わるんですよ。

辛みは味ではなく，痛みだったのか!?
目や耳，鼻に口と，どの感覚器官もしくみがさまざまで，面白い！

250

5

時間目

体内をかけめぐる
血液と免疫

STEP 1

 ## 流れる臓器，血液

全身をかけめぐる血液の中には，私たちの命を維持するために必要不可欠な，さまざまな細胞や物質が含まれています。流れる臓器ともよばれる血液について見ていきましょう。

血液には役割がたくさん

 ### 体重のおよそ8％は血液です。
ここからは，血液をテーマにお話ししましょう。

 私の体重からすると，だいたい5キログラムくらいが血液ということになりますね。
血液は赤血球で赤く見えるんですよね！

 そうです！　そのほかにも血液には，たくさんのものが含まれているんですよ。
血液は，液体成分と細胞成分からなりたっているんです。

 ざっくり赤血球・白血球・血小板ぐらいの知識しかありません。どんなものが含まれているんでしょう。

まず，液体成分は，血漿とよばれるものです。
血漿とは，黄色みを帯びた液体です。
血液の体積の55％を占めています。その多くが水です。
ですが，**血漿の中には，栄養素や体のはたらきを調整する「ホルモン」など，重要な物質が含まれています。**

じゃあ，細胞成分というのは？

細胞成分とは，酸素を運ぶ「赤血球」，体内に侵入した外敵を退治する「白血球」，出血を止める「血小板」です。
細胞成分は，血球成分ともいいます。

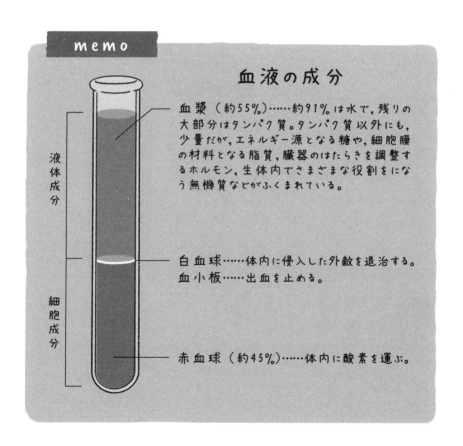

memo

血液の成分

液体成分

細胞成分

血漿（約55％）……約91％は水で，残りの大部分はタンパク質。タンパク質以外にも，少量だが，エネルギー源となる糖や，細胞膜の材料となる脂質，臓器のはたらきを調整するホルモン，生体内でさまざまな役割をになう無機質などがふくまれている。

白血球……体内に侵入した外敵を退治する。
血小板……出血を止める。

赤血球（約45％）……体内に酸素を運ぶ。

まず，赤血球は，直径0.007〜0.008ミリメートルの円盤状の構造をしています。細胞の一種ですが，核は存在しません。

赤血球は酸素を全身に届けるはたらきをします。

赤血球の中に，たくさんの鉄原子が存在していて，この鉄原子が酸素とくっついたりはなれたりするんです。

酸素濃度の高い肺胞の近くの毛細血管では，酸素と赤血球の鉄原子が結びつきます。そして血液のながれに乗って，赤血球ごと全身へ運ばれていくんです。

赤血球
酸素を体の各部に運ぶ役割をになう。直径0.007〜0.008ミリメートルで，直径0.005ミリメートル程度のせまい毛細血管の中も，変形して通ることができる。

鉄原子なんですね。だから血は錆びたようなにおいがするのか。

そこから，酸素はどうやって全身の細胞へといきわたるんですか？

体の末端の**毛細血管**では，酸素濃度が低くなっています。
すると**酸素が赤血球の中の鉄からはなれ，血液中へと放出されるんです。**酸素はさらに，血管の壁のすき間を通って，血管の外へと流れていき，そこで細胞に利用されます。

血液中の酸素濃度に応じて，赤血球は酸素をくっつけたりはなしたりするんですね。
じゃあ，**白血球**というのは？

白血球は，外敵を退治する役割をもっています。
たとば，ケガをして傷口から細菌が侵入したとします。
すると，**白血球の一種である好中球が血管の壁をすり抜け，傷口に集まります。そして細菌を自らの細胞内へ取りこんで，死滅させるんです。**
専門的には，これを**貪食**といいます。

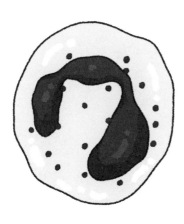

白血球（好中球）
体に侵入した外敵を撃退する役割をになう。大きさは0.006 〜 0.03ミリメートル。大部分は血管以外の場所にあり，血管の中にあるのは一部。

食べちゃうんですね!?

貪食，って。すごい勢いで取りこんでいそうですね。

はい。白血球にはいくつか種類があって，細胞と細胞の間の**組織液**や，**リンパ管の中**にも存在します。

なるほど～。いたるところに待機して，体を守ってくれているんですね。

じゃあ，**血小板**はどんなはたらきをするんですか？

血小板は，止血を行います。

ケガをして血管の壁がやぶれると，止血されないかぎり，血液がどんどん失われていきます。

一般的には，血液の25％が失われると，命にかかわるといわれています。

血小板は，血管の傷口に大量に集まってふたをすることで，出血を止めるんです。

血小板
出血をとめる役割をになう。大きさ0.002ミリメートル前後の細胞の断片。

ケガをしても血が止まるのは，**血小板のおかげ**だったのか！ みんなはたらきものですね。

これら血液の成分は，私たちが生命を維持するために必要不可欠なものです。
そのために血液は，**流れる臓器**とよばれることもあります。

納得ですね！

動脈硬化に要注意

血液は，体の中のありとあらゆる場所をかけめぐっています。
そのため血液には，体の各部の健康状態を示す物質が混ざりこんでいます。そのため，**血液検査**で体の健康状態を知ることができるんです。

ああ，だから，健康診断では必ず血液検査をするんですね。
ところで，今年の健康診断で，**血中のコレステロールが高い**って出たんですよ。これってどういうことですか？

まず，**コレステロールとは，細胞膜の素材などに使われている物質のことです。**コレステロールは，ヒトにとって必須の物質なんですよ。

コレステロールってあまりよいイメージを持っていませんでしたが，大事なものなんですね！　じゃあ安心だ！

でも，**肥満**や**運動不足**などによって血液中のコレステロールが多くなりすぎると，**動脈硬化**がおきる可能性が高くなるので，要注意なんですよ。

ど，どうみゃくこうか〜？

血管が，本来もっている弾力を失って，硬くなってしまうのが動脈硬化です。動脈硬化がおきると血管が詰まったり破裂しやすくなってしまうんです。

怖い！

コレステロールで，なぜそんなことがおきるんですか？

コレステロールは，血管の内壁の細胞（内皮細胞）のすき間を通って，血管の壁の中にたまっていく性質があるんです。

通常なら，白血球の一種である**マクロファージ**が，これを食べて"掃除"してくれるのですけど，コレステロールの濃度が高すぎると，掃除がおいつかなくなってしまいます。

コレステロールがたまりにたまって。

はい。そして，コレステロールを食べ過ぎたマクロファージは死んでしまうんです……。

マクロファージ，死んじゃうんだ……。

すると，死んだマクロファージも血管の壁の中にどんどんたまっていきます。その結果，血管の内部の空間がせまくなって血液が流れにくくなるとともに，血管が硬くなって弾力を失い，**動脈硬化**が引きおこされるんです。

今にも梗塞をおこしそうな血管

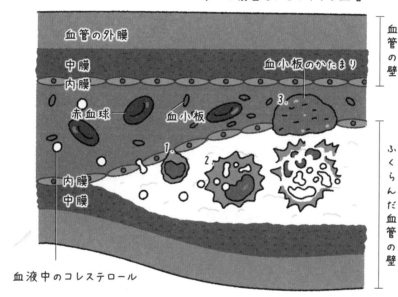

血管の外膜

中膜
内膜

赤血球　　血小板

内膜
中膜

血管の壁

血小板のかたまり

3.

1.
2.

ふくらんだ血管の壁

血液中のコレステロール

1. コレステロールは，血管の内壁から
　 壁の中へと入りこむ。

2. マクロファージの掃除がおいつかず，
　 血管の壁の中にコレステロールや
　 マクロファージの死骸がたまっていく。

3. 血管の壁が傷つき，それをふさぐた
　 めに血小板が集まる。そしてさら
　 に血管がせまくなる。

ひゃー。

ひどくなると，**血管の内皮細胞が傷つく場合もあります。
すると今度は，その場所に応急処置をほどこそうと血小板
が集まってきます。**こうして血液の通り道はさらにせまく
なり，最悪の場合は血管が完全にふさがれます（梗塞）。
梗塞がおきた場所が心臓や脳などの場合は，**命の危
険**にさらされるんです。

心筋梗塞や**脳梗塞**ですね。
血液中のコレステロール，おそろしいですね。今度から
もっと気にするようにします。

血液は，骨の中でつくられる

1時間目の骨の話のときに，血液の細胞は骨の中でつくら
れる，という話を聞きました。血液はいったいどのよう
につくられるんでしょうか？

よく覚えていましたね。赤血球，白血球，血小板は，骨
の内部にある**骨髄**でつくられています。
ただし，成人の体で血液をつくっているのは，脊椎骨，
胸骨，腸骨（骨盤），肋骨など，一部の骨髄のみです。
次のイラストの，赤く塗られた部分です。

血液をつくる骨髄の位置

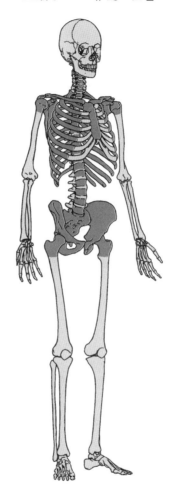

へええ。 全部の骨の中で作られているわけではない
んですね。
では，どんなふうに血液はつくられているんですか？

骨髄には，造血幹細胞とよばれる細胞がたくさん存在しています。

赤血球，白血球，血小板は，それぞれまったくことなる姿をしていますが，実はこれらはすべて，1種類の造血幹細胞からつくられたものなんです。

造血幹細胞は，分裂して増えるとともに，一部は赤血球のもととなる細胞，一部は白血球のもととなる細胞といった具合に，だんだんと変化していくんです。

これを細胞の分化といいます。

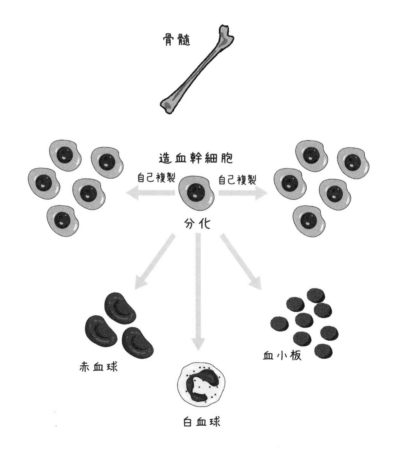

なるほど，骨の中で血液のもととなる細胞が，どんどん分裂していくわけですか。

 はい。そして，骨髄の中で分化を経て成熟した赤血球，白血球，血小板は，骨髄中の毛細血管へと入りこみます

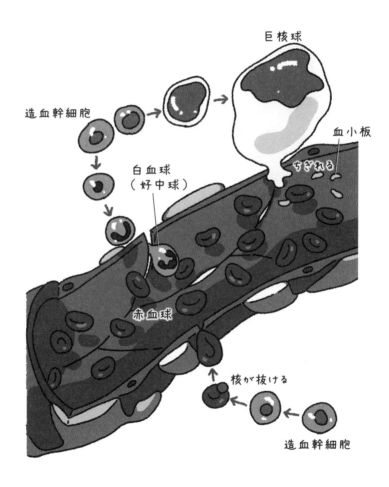

巨核球

造血幹細胞

血小板

ちぎれる

白血球
（好中球）

赤血球

核が抜ける

造血幹細胞

イラストを見ると，赤血球や白血球が，血管のすき間から入りこんでますけど，血管ってそんなに**すき間だらけなんですか!?**

通常は，毛細血管の壁を通り抜けることはできないのですが，**骨髄中の毛細血管の壁には比較的大きなすき間があいています。**
ですから，このすき間を通って血管内に入りこむことができるんですよ。
骨の中でつくられた血液はこうして，**全身へと旅立っていくわけです。**

なるほど。体の中を血液が流れていることが当たり前に生きてきましたけど，血液はそうやってつくられていたんですね。

ちなみに，1日あたり，**赤血球は2000億個，白血球と血小板は1000億個**つくられています。

すごい量ですね。
骨の中では想像以上の生成が行われている……。

それから，赤血球は約120日，血小板は8～10日と寿命があり，寿命が終わると，脾臓などで破壊されます。こうして血液は浄化されています。

血液は，生成だけじゃなく，浄化までされているのか。

いろんな器官のはたらきを調整するホルモン

 さて，ここまでは細胞成分について見てきましたが，**血液の液体成分の中には，さまざまな種類の小さな物質が溶けこんでいます。**その中でも重要なのが**ホルモン**です。

 ホルモンといえばまず**焼肉**が頭に浮かんでしまいますが……。

 いえいえ，そのホルモンとはちがうんですよ。
ホルモンとは，血管を通って特定の器官や細胞に影響をあたえる物質の総称です。

男性ホルモンとか，女性ホルモンとかいいますよね。

そう，そちらです。ヒトの体には，ホルモンを分泌する細胞が，いろいろな器官に存在します。

ホルモンの分泌を専門とする独立した器官は，脳の**下垂体**や，のどのあたりにある**甲状腺**，腎臓の上にのった**副腎**などがあります。

また，ホルモン分泌以外の機能をもつ器官のなかにも，器官の一部が，ホルモンを分泌するはたらきをもっている場合もあります。

副業みたいな感じですね。どの器官ですか？

たとえば，**膵臓**は，血糖値を調整するホルモン，「インスリン」を分泌します。

また，生殖器の中にある**卵巣**や**精巣**は，「性ホルモン」を分泌し，**胃**は胃酸の分泌を促進する「ガストリン」というホルモンを分泌するなど，さまざまな器官がホルモンを分泌しているんです。

次のイラストは，ホルモンを分泌する器官をまとめたものです。

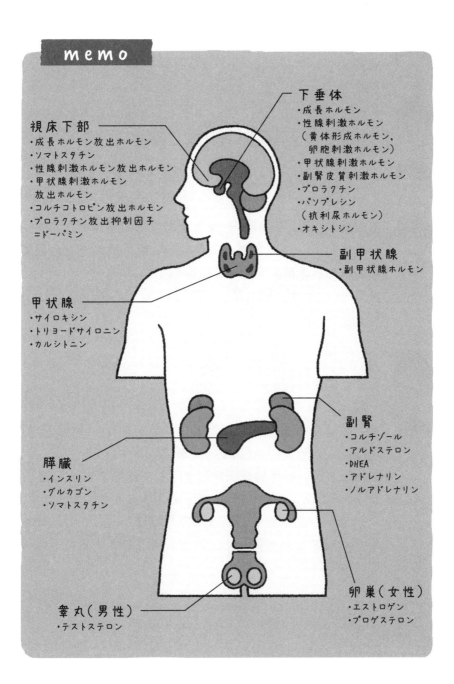

memo

視床下部
・成長ホルモン放出ホルモン
・ソマトスタチン
・性腺刺激ホルモン放出ホルモン
・甲状腺刺激ホルモン
　放出ホルモン
・コルチコトロピン放出ホルモン
・プロラクチン放出抑制因子
　＝ドーパミン

下垂体
・成長ホルモン
・性腺刺激ホルモン
　（黄体形成ホルモン,
　　卵胞刺激ホルモン）
・甲状腺刺激ホルモン
・副腎皮質刺激ホルモン
・プロラクチン
・バソプレシン
　（抗利尿ホルモン）
・オキシトシン

副甲状腺
・副甲状腺ホルモン

甲状腺
・サイロキシン
・トリヨードサイロニン
・カルシトニン

副腎
・コルチゾール
・アルドステロン
・DHEA
・アドレナリン
・ノルアドレナリン

膵臓
・インスリン
・グルカゴン
・ソマトスタチン

卵巣（女性）
・エストロゲン
・プロゲステロン

睾丸（男性）
・テストステロン

ホルモンといっても，いろいろな器官が，いろいろな種類のホルモンを分泌しているんですねぇ。

そうなんですよ。ただし，ホルモンを分泌する器官のなかでも，**下垂体は別格です！**

べ，別格!?　どんなホルモンを分泌してるんですか？

下垂体は，**刺激ホルモン**とよばれる数種類のホルモンを分泌して，**はなれたところにある別のホルモン分泌器官のはたらきをあやつっているのです。**
つまり，**下垂体は，ホルモン社会の司令塔**なのです！

ホルモン社会のボス！
そんな黒幕がいたとは。

たとえばストレスを受けたとき，下垂体は，**副腎皮質刺激ホルモン（ACTH）**を分泌します。
すると，ACTHが副腎皮質に作用し，副腎皮質から**コルチゾール**というホルモンが分泌されるようになります。
コルチゾールは血液に乗って全身にはたらきかけ，血糖値や血圧の上昇といった，ストレスに対抗するための体の変化をおこすんです。

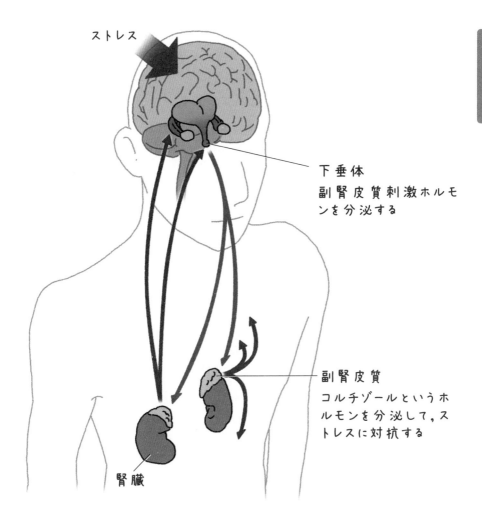

ストレス

下 垂 体
副 腎 皮 質 刺 激 ホ ル モ
ン を 分 泌 す る

副 腎 皮 質
コ ル チ ゾ ー ル と い う ホ
ル モ ン を 分 泌 し て, ス
ト レ ス に 対 抗 す る

腎臓

なるほど。ボスから指令を受け取った副腎が，ストレスに対抗するためのホルモンを分泌し，さらにそれがいろいろな器官に伝わっていくというわけですね。

その通りです。
余談ですが，過剰なコルチゾールの分泌が続くと，脳の中の，記憶をつかさどる**海馬**という部分の神経細胞が，ダメージを受けるといわれています。

じゃあ，ストレスを受け続けると，**物覚えが悪くなる**ってことですか。

そういうことです。

ストレスって，やはり人体に大きなダメージを与えるんですね！

そうですね。
なお，下垂体は，刺激ホルモン以外にも重要なホルモンを分泌します。たとえば「**成長ホルモン**」です。成長ホルモンとは，その名の通り，生後の成長をうながすホルモンです。これが不足すると，「小人症」，多すぎれば「巨人症」を引きおこします。

なるほど。ホルモンはあらゆるところに影響をあたえるものなんですね。

STEP 2

病原体に打ち勝つ！免疫のしくみ

私たちの体は常に病原体の感染の脅威にさらされています。たとえ，病原体が体の中に侵入してきても，普通は大事にいたらずにすみます。これは体を守る免疫が活躍しているからです。

外敵から体を守る防衛隊

いよいよ最後のステップです。
最後のテーマはずばり，**免疫**です。

体を外敵から守るしくみのことですね。

その通り！　私たちの体はつねに，**細菌**や**ウイルス**といった**病原体**にさらされています。**これらの敵に立ち向かうしくみが免疫です。**

免疫って言葉はよく聞きますけど，どんなふうに自分の体の中ではたらいているのか，あまり実感できません。

もし免疫がなければ，侵入した病原体にすぐにやられて，ちょっとした風邪でさえ命を落としかねないんですよ。
たとえば，風邪をひいてのどが痛くなったり，鼻水が出たりしているとき，体の中ではまさに**防衛戦争が勃発している状態**なんです。
のどの痛みや鼻水は，侵入した病原体から体を守るべく，免疫細胞たちが徹底抗戦をしかけている証なんです。

軽い風邪ならすぐに治ってしまいますけど，免疫がなかったら，**死んでいたかもしれないのですね……。**
具体的に免疫はどのようにして私たちの体を守っているんでしょうか？

免疫システムは，大きく2段階に分かれています。
侵入者を最初に迎え撃つ**自然免疫**と，自然免疫で排除できなかった病原体を引きついで攻撃をする**獲得免疫**です。

2段構え！
いったいどんなしくみで，病原体を排除するんですか？

まず，病原体が入りこむと，**第一部隊である自然免疫が出動し，防衛戦を展開します。**
ここでは**マクロファージ**や**顆粒球**，**樹状細胞**などの**食細胞**が活躍します。
食細胞は，病原体を見つけると飲みこみ，細胞内で消化してしまうんですよ。

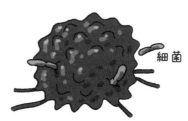

細菌

マクロファージ
細菌などの病原体や、こわれたり古くなったりした細胞を飲みこみ、消化する。

T細胞

樹状細胞
病原体を飲みこみ、消化した病原体の一部をT細胞に提示する役割もになう。

の，飲みこんで消化！

そして，病原体を排除しきれなかったときに，**獲得免疫にバトンタッチ**するんです！

第二部隊の出動ですね！

その通り！　そのバトンタッチに重要な反応が，**炎症反応**です。

えんしょう？

自然免疫ではたらく樹状細胞やマクロファージが**炎症物質**を放出して，ほかの免疫細胞を呼び寄せるのです。
発熱やせき，たんが出るなどの症状はほかの免疫細胞を呼ぶための炎症反応に原因があります。

熱が出るのは，免疫細胞たちを動員するための反応だったわけですね。自然免疫の次はどんな細胞が活躍するんでしょうか？

第二戦の主役は，獲得免疫ではたらく**Ｔ細胞**や**Ｂ細胞**です。Ｔ細胞やＢ細胞は特定の病原体だけを攻撃する専門部隊なんです。

第一戦で活躍する樹状細胞などは，自分が飲みこんだ病原体の一部を，Ｔ細胞に提示するはたらきがあります。
すると，樹状細胞から病原体の一部を受け取ったＴ細胞が活性化し，その病原体だけを攻撃する"第二部隊"が動き出すというわけです。

 おお，すごい！
Ｔ細胞が活性化するとどうなるんですか？

 Ｔ細胞は，樹状細胞に刺激されると「**キラーＴ細胞**」と「**ヘルパーＴ細胞**」などに分化し，病原体への攻撃をはじめます。
まずキラーＴ細胞は，病原体に感染した細胞を見つけて殺します。タンパク質を分泌して，感染した細胞を自殺させるんです。

Ｔ細胞
樹状細胞に刺激されると，キラーＴ細胞とヘルパーＴ細胞に分化し，病原体を攻撃する。

 うわー！

 一方，ヘルパーＴ細胞は，Ｂ細胞をはじめとする，ほかの免疫細胞をはたらかせます。

B 細胞？
どんなはたらきをするんですか？

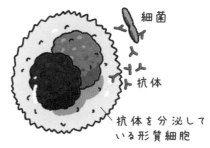

細菌

抗体

抗体を分泌している形質細胞

β細胞
β細胞は病原体の記憶をする「記憶β細胞」と，抗体をつくって戦う「形質細胞」に分かれる。

B 細胞は，T 細胞からの指示をキャッチすると，抗体という "武器" を放出し，特定の病原体やその毒素にだけ結合して攻撃するはたらきがあります。
抗体は，特定の病原体への専用の武器です。
また，一部の B 細胞は外敵の情報を覚えておき，2 回目に侵入してきたときに，速やかに排除できるようになります。

おおー！　B 細胞は，敵のことを覚えておくんですね！
そうか，インフルエンザも，ワンシーズンに 2 回も 3 回もかからないし，かかったとしても軽くてすむのは，免疫の細胞がちゃんと敵の情報を覚えてくれているからなんですね。
こんなすごいシステムが，人体には備わっているのか～。

第一部隊

自然免疫ではたらく主な細胞

マクロファージ	樹状細胞	顆粒球
細菌などの病原体や,こわれたり古くなったりした細胞を飲みこみ,消化する。消化した病原体の一部をT細胞に提示する作用もある。	病原体を飲みこみ,消化した病原体の一部をT細胞に提示する役割をになう。提示する能力はマクロファージの数十～数百倍も高い。	病原体を取りこみ,消化する作用をもつ。好中球,好酸球,好塩基球がある。

第二部隊

獲得免疫ではたらく主な細胞

T細胞　マクロファージや樹状細胞に刺激され,分化して病原体を攻撃する。

キラーT細胞……樹状細胞と接触して抗原情報を得た後,細菌・ウイルスなどの病原体が感染した自己細胞やがん化した自己細胞を見つけて殺す。

ヘルパーT細胞……樹状細胞と接触して抗原情報を得た後,B細胞やキラーT細胞の活性化・増殖を助ける。

制御性T細胞……ヘルパーT細胞,キラーT細胞の機能を抑制することにより,免疫反応を制御する。

ナチュラルキラーT細胞……細菌への生体防御反応や,がん細胞の排除にかかわる。

B細胞　ヘルパーT細胞からの刺激で分化が開始され,記憶を司る「記憶B細胞」,抗体をつくる「プラズマ細胞(形質細胞)」になる。

自然免疫は，生まれたときから**"自然に"備わっている免疫**です。

一方，獲得免疫は，侵入した敵の特徴（抗原）を認識し，その敵に合わせた部隊をつくって攻撃し，一部は次の侵入に備えて残されるという，**"後天的に"獲得される免疫**です。

なるほど，獲得免疫のほうは，体に入ってきた病原体に応じてどんどん獲得されていくわけなんですね。

免疫のトレーニングは，胸や骨の中で行われる

ところで，免疫の細胞ってどこでつくられるているんですか？

免疫細胞はまとめて**白血球**ともよばれます。

免疫細胞＝白血球なんですね！
そうだ，血液のところでやりましたね，白血球は**骨髄**でつくられるって。

そうです。白血球は骨髄の中の**造血幹細胞**から分化してつくられます。ただし，B細胞や食細胞は最後まで骨髄でつくられますが，T細胞のもととなる細胞だけは，血液に乗って，骨髄から心臓の上にある**胸腺**へ運ばれ，そこで成熟してT細胞になります。

ちなみに，T細胞の"T"は，胸腺（Thymus）由来のリンパ球であることを示しているんですよ。

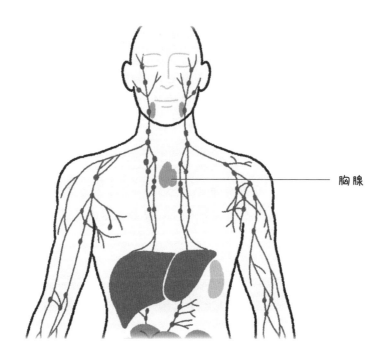

胸腺

 骨髄や胸腺ではＴ細胞やＢ細胞の**厳しいチェック**が行われています。**もとから体内にある物質に反応する細胞や，機能が不十分な細胞は破壊されます。**

 ## 厳しいですね。
獲得免疫で活躍するＴ細胞やＢ細胞は，特定の外敵だけを認識して攻撃するわけですよね。一体どういうしくみなんですか？

 Ｔ細胞やＢ細胞には，特定の外敵（抗原）とだけ結合する，**受容体**というアンテナをもっているんです。
この受容体が認識した相手だけを攻撃するわけです。さらにＢ細胞では，受容体は細胞外に分泌されて，これが外敵を攻撃する"武器"である**抗体**となります。

抗体って聞いたことがあります。外敵をやっつける武器なんですね。

抗体は，特定の相手にだけ結合して攻撃します。**鍵と鍵穴のように，ピッタリと合う相手としか結合できないのです。**
抗体は，基本的にＹ字型をしています。

抗体を使うことで，狙った病原体だけを攻撃できるわけですね。抗体が結合すると，病原体はどうなるのですか？

抗体が結合した病原体は，**破壊**されます。
また，結合した抗体が**目印**になって，マクロファージなどの食細胞が積極的にその病原体を食べに行きます。

なるほど。抗体は直接病原体を破壊したり，目印になったりするわけですか。
Ｂ細胞は，たくさんの病原体に応じた，いろいろな抗体を備えているわけですね！

いいえ，**T細胞やB細胞は，一つの細胞につき，1種類の受容体や抗体しかもっていないんですよ。**

えっ，**たったの1種類!?**
でも，病原体ってものすごい種類がいるわけですよね？
それに，まったく未知の病原体が進入してきたら……？
1種類の抗体だけではとても対応できないと思うのですけど。

実は，あらゆる種類の病原体に対応するために，**体の中には，膨大な種類のT細胞やB細胞が，あらかじめ準備されているんです。**

戦闘部隊だけじゃなく，**予備部隊**まで用意されているのか！

そうなんです。
準備された膨大なパターンのT細胞やB細胞のうち，侵入した病原体を認識するものだけが活性化します。**T細胞やB細胞は，一度活性化すると，「クローン」をつくって爆発的に増え，病原体との戦いをくりひろげるんです。**

クローンをつくって爆発的に増える！

ことなる受容体をもつβ細胞

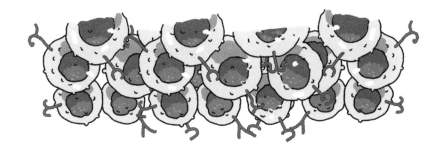

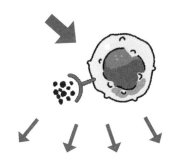

**病原体（抗原）を
認識したβ細胞**

病原体（抗原）を認識する受容体をもつβ細胞だけが増殖する。

増殖して戦いに挑むβ細胞

形質細胞となって
抗体を放出する。

さらに，戦いが終わると，クローンたちの一部は，病原体の情報を覚えた**記憶細胞**として，体内にたくわえられます。そうすることで，同じ病原体が侵入したときにいち早く攻撃を開始することができるわけです。**これが，「免疫」という言葉の起源で，予防接種の原理なのです。**

なるほど〜。そんな戦いが，体の中で行われるんですね。インフルエンザの予防接種，毎年受けてますよ。

インフルエンザの予防摂種では，感染できなくしたインフルエンザウイルスを体内に注射することで，体の中にインフルエンザウイルスの情報を覚えた免疫細胞をたくわえておくわけです。
こうして，本当にインフルエンザウイルスが体内に侵入した時に，速やかにウイルスを攻撃できるようにして，発症や重症化を防ぐんです。

リンパ管や血管を通って，免疫細胞は全身へ

免疫細胞たちの戦い，**すごかったですね〜！**
普段は体のどこにいるんでしょうか？

免疫細胞は，**血管**や**リンパ管**を通じて体内をかけめぐっています。

リンパ管？

はい。**リンパ管は，全身にはりめぐらされた免疫細胞の通り道です。**

免疫細胞は，リンパ液という，血液の液体成分とほぼ同じ液体に乗って，リンパ管を流れています。

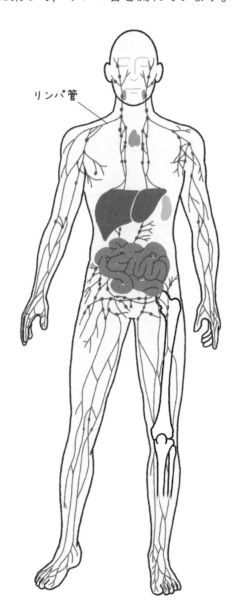

リンパ管

血管のほかにも，全身をめぐる管があるわけですね。

 ええ。さらにリンパ管の途中には，米粒〜大豆サイズの
リンパ節という組織がたくさんあります。リンパ節は
リンパ管の中を流れる病原体など，異物をこしとるはた
らきをしています。

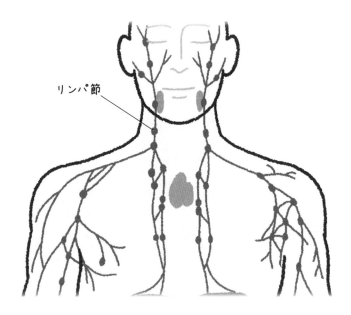

リンパ節

 こしとる？

 はい。リンパ節の中には，**リンパ洞**という，リンパ液
の通り道があります。
リンパ節には，マクロファージや樹状細胞など，多くの
免疫細胞が待ち構えていて，リンパ液に混ざって異物や
病原体が流れてくると，それらをとらえて，攻撃するん
です。

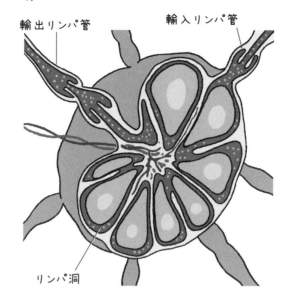

リンパ節

輸出リンパ管　　　　　輸入リンパ管

リンパ洞

風邪のときに，よくリンパがはれるとかいいますよね。

それは，まさに**リンパ節で戦いが起き，免疫細胞が集まっている状況**ということです。

のどの扁桃腺もリンパ節のような器官です。風邪のときに扁桃腺がはれるのも，免疫細胞たちが戦っている証拠なんです。

リンパ節は戦いの前線なんですね。

私も風邪のひきはじめに，よく扁桃腺がはれるんですよ。あれは，免疫細胞たちが戦っていたからだったのか。

リンパ節のほか，**脾臓**などにも，免疫細胞はたくさんいます。**脾臓は血液中に含まれる病原体などの異物をこしとる器官です。**

 # ひゃー！

 脾臓で待機している免疫細胞たちは，血液にまざって流れてきた病原体を攻撃します。

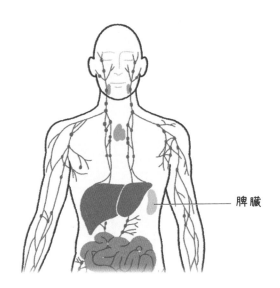

脾臓

 血液やリンパ液に乗って異物が流れてくるのを，免疫細胞たちはつねに**監視**しているわけですね。

 はい，そういうことです。
免疫にかかわる器官をまとめたのが次のイラストです。

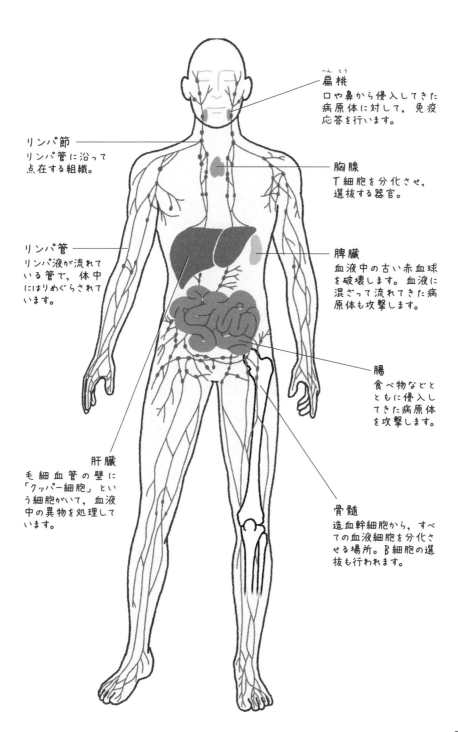

扁桃（へんとう）
口や鼻から侵入してきた
病原体に対して，免疫
応答を行います。

リンパ節
リンパ管に沿って
点在する組織。

胸腺
T細胞を分化させ，
選抜する器官。

リンパ管
リンパ液が流れて
いる管で，体中
にはりめぐらされて
います。

脾臓
血液中の古い赤血球
を破壊します。血液に
混ざって流れてきた病
原体も攻撃します。

腸
食べ物などと
ともに侵入し
てきた病原体
を攻撃します。

肝臓
毛細血管の壁に
「クッパー細胞」とい
う細胞がいて，血液
中の異物を処理して
います。

骨髄
造血幹細胞から，すべ
ての血液細胞を分化さ
せる場所。B細胞の選
抜も行われます。

免疫については大まかな説明でしたが，ひとまずここで終了です。

人体，想像を絶するすごさでした。
まるでだれかが考えて**設計したかのように，**とてもうまくできているんですね。

人体のすごさがわかってもらえて何よりです。
私たちの体では，いろんな器官や臓器がきわめて精巧にはたらくことで，生きていくことができているわけです。

そんなこと，何も意識しないまま日々生活してきましたが，実は体のあらゆる器官が総動員で，私たちの生命活動を支えているんですね。自分自身のことなのに，まったく知らないことばかりでした。
先生，どうもありがとうございました！

近代免疫学の父，エドワード・ジェンナー

　イギリス，バークレーの医師，エドワード・ジェンナー（1749 ～ 1823）は，予防接種を世界ではじめて実証した人物です。

　18世紀，ヨーロッパでは天然痘が大流行していました。100年間に天然痘の死者は，6000万人にも達したとする推定もあるほどです。当時の死亡率は10 ～ 20％にも達したと考えられています。

牛痘にかかった人は天然痘にかからない

　ジェンナーは，都会よりも田舎の女性の方が天然痘にかかる人が少ないことを不思議に思っていました。そしてあるときジェンナーは，農場で乳しぼりの仕事をする女性から，「牛痘にかかった人は天然痘にかからない」という話を聞いたのです。牛痘とは，ウシがかかる天然痘によく似た病気です。病気のウシに触るとヒトにも感染しますが，ヒトの天然痘にくらべると症状は軽くすみ，命の危険はありませんでした。

　ジェンナーは，牛痘も，ヒトの天然痘とほとんど同じものが引きおこす，と考えました。また牛痘を引きおこすものが体に入ると，体内に天然痘に対抗する何かができるのではないか，と推測したのです。

天然痘の死亡者の激減に成功

　その考えを確かめるため，ジェンナーは人体実験を行いました。牛痘にかかった女性から，うみを取りだして，8歳の

少年に接種したのです。さらに，その数か月後に今度は少年に天然痘の患者から接種したうみを接種しました。これは少年に天然痘を感染させるかもしれない，危険な行為です。

　しかし，少年は天然痘にかかりませんでした。こうして世界ではじめて，予防接種が実証されたわけです。ジェンナーはその後も，実験をくりかえし，その効果をまとめて，論文を発表しました。ジェンナーの予防接種は，その後，国からの補助を受け，急速に広まりました。1803年から1年半で，1万2000人もの人に対して種痘が行われ，それによって，天然痘の死亡者は激減しました。

　まだ病原体の正体が不明だった時代に，ジェンナーは免疫のしくみを予言したかのように予防方法を確立しました。その後，天然痘だけでなく，ほかの病気に対しても有効性が確認され，今日の予防接種につながっています。

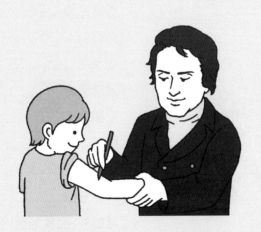

索引

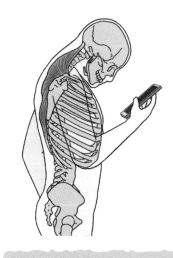

A~Z

B細胞 277, 279
T細胞 .... 277~278

あ

アクチン線維 47
アミラーゼ 99
胃 115
エクリン汗線 71
エナメル質 104
遠視 230
横隔膜 162

か

海綿質 21
蝸牛管 .... 236~238
角質細胞 64
獲得免疫 ..... 277, 280~281
角膜 222
下垂体 .... 268~272
眼精疲労 232
関節 .... 28~34
肝臓 ....
　96, 135~139, 188~189
桿体細胞 228
冠動脈（冠状動脈）.......... 193

記憶細胞 193

気管 162, 167

基底細胞 64

逆流性食道炎 114

球関節 30

球形嚢 239

嗅粘膜 243

狭心症 193

胸腺 282

虚血性心疾患 192

筋原線維 47

筋線維 ....
　　　　45〜46, 51〜52, 56

筋束 44, 51

筋肉 ....35〜43

近視 230

血液 .... 254〜258

血漿 255

血小板 255

血糖値 .... 54, 122〜123

ケラチン 64

交感神経 217

骨芽細胞 23

骨格 19

骨格筋 ....35, 38〜39

骨髄 21

骨粗鬆症 ....26〜27

鼓膜 234

コラーゲン線維 66

コルチゾール 270

索引

さ

三大栄養素 140

軸索 205

刺激ホルモン 270

視細胞 223

歯周病 .... 105〜108

耳小骨 234

歯髄 104

耳石 240

自然免疫 .....275〜276, 280

自律神経 .... 216〜217

シナプス 205

十二指腸 120

樹状細胞 276

樹状突起 205

消化 ....92〜93

消化管 93

消化器 95

小腸 .... 126〜129

小脳 207

上腕三頭筋 42

上腕二頭筋 42

食道 .... 109〜113

心筋 38, 177

心筋梗塞 .... 192〜193

心室細動 195

心臓 176

心不全 195

真皮 ....63〜64

神経細胞 .... 200〜201

神経伝達物質 203

腎臓 146

髄腔 21

水晶体 222

膵臓 .... 120〜122

錐体細胞 228

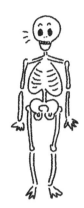

ストレートネック........59〜60

スポーツ心臓 191

スマホ首......................... 57

スマホ老眼 229,232

脊髄................... 211〜215

脊柱............................... 19

赤血球.............. 255〜256

舌乳頭......................... 247

蠕動............................. 117

象牙質......................... 104

造血幹細胞 264

爪母基........................... 81

速筋線維 51

た

大腿骨............................ 19

大腸 .... 130〜131

大脳 .... 205〜207

大脳髄質 208

大脳皮質 207

唾液.............................. 99

唾液腺......................... 101

男性型脱毛症................. 85

弾性線維 66

胆囊 .... 124〜125

遅筋線維 51

緻密質........................... 21

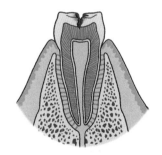

虫垂 132

中枢神経 211

調節緊張症 232

腸内細菌 .... 132〜133

蝶番関節 31

頭蓋骨 19

洞房結節 194

動脈硬化 260

貪食 257

な

内耳 .... 234〜235

尿管 151

脳 200

脳幹 207

は

肺 162

肺胞 168

破骨細胞 24

白血球 257

鼻 242

半規管 239

皮下組織 63

皮脂 ....75〜77

皮膚 62

鼻腔 242

脾臓 290

表皮 64

ピロリ菌 119

副交感神経 217

副腎皮質刺激ホルモン

（ACTH） 270

分化 264

平滑筋 35, 38

平衡感覚 233

ヘッドホン難聴 238

膀胱 151
ホルモン 267

毛母基............................ 82
網膜 222
門脈............................ 189

ま

マイオカイン 55
マクロファージ 276, 278
末梢神経 212
慢性閉塞性肺疾患（COPD）
.... 171
耳 233
味細胞.......................... 246
ミオシン線維 47
味蕾 .... 246〜249
虫歯.............................. 105
毛包............................... 82

や

有郭乳頭 247
有毛細胞 236

ら

卵形嚢.......................... 239
リンパ管 .... 286〜287
リンパ節 288
老眼............................. 231

索引

東京大学の先生伝授
文系のための
めっちゃやさしい
確 率

2021年6月上旬発売予定　A5判・304ページ　本体1650円（税込）

　火事にあう確率は？　散歩中に雷に打たれる確率は？　私たちが安全に日常生活を送るためには，あらゆる判断と予測が必要ですよね。そこで役立つのが，確率論です。

　「賭けで相手を出し抜くには？」　確率論は，ギャンブラーからの問いがきっかけで，17世紀フランスの大数学者，パスカルとフェルマーによって考え出されました。そして現在，"ある物事はどれぐらいの確率で起こるのか"を数字で示す手法として，あらゆる場面で活躍しています。

　本書では，確率の面白さを，生徒と先生の対話を通してやさしく解説します。日常生活で判断に迷ったら，この確率論を使って合理的に判断してみては？　お楽しみに！

主な内容

確率って何？

身近にあるいろんな確率
交通事故にあう確率

確率の計算の基本を マスターしよう！

確率の準備運動，「場合の数」を考えよう
確率の計算をやってみよう！

もっとむずかしい確率に挑戦！

ギャンブルを確率で考える
意外な確率を計算してみよう！

Staff

Editorial Management	木村直之
Editorial Staff	井上達彦，宮川万穂
Cover Design	田久保純子

Illustration

表紙カバー	松井久美	106~116	松井久美	212		羽田野乃花
生徒と先生	松井久美	117	羽田野乃花	214~221		松井久美
5	松井久美	119~121	松井久美	222~225		羽田野乃花
6	羽田野乃花	123	羽田野乃花	227~231		松井久美
7	佐藤蘭名，羽田野乃花，松井久美	125~126	松井久美	234-235		羽田野乃花
9	佐藤蘭名	127~128	羽田野乃花	237		松井久美
10	松井久美	130	松井久美	240		羽田野乃花，松井久美
11	羽田野乃花，松井久美	131	羽田野乃花	241~244		松井久美
12~16	松井久美	134-135	松井久美	247~248		羽田野乃花
17~18	松井久美，多田彩子，[credit1]	137	羽田野乃花	249~251		松井久美
20	羽田野乃花，松井久美	139~147	松井久美	253~254		羽田野乃花
22~25	松井久美	149	羽田野乃花	255		松井久美
27	羽田野乃花	151	松井久美	256~261		羽田野乃花
28	松井久美，多田彩子，[credit1]	152	羽田野乃花	263		松井久美，多田彩子，[credit1]
29	松井久美	153~157	松井久美	264		羽田野乃花，松井久美
30-31	羽田野乃花，松井久美	158-159	羽田野乃花	265~267		羽田野乃花
32~34	羽田野乃花	160~163	松井久美	269		松井久美
36	松井久美	164~166	羽田野乃花	271		佐藤蘭名
37~38	松井久美，多田彩子，[credit1]	167	松井久美	273~274		松井久美
39~43	松井久美	168	羽田野乃花	276~279		羽田野乃花
44~47	羽田野乃花，松井久美	169	松井久美	280		羽田野乃花，松井久美
48	羽田野乃花	172~176	羽田野乃花	283		松井久美
49~61	松井久美	177	松井久美	285		羽田野乃花
66~71	羽田野乃花	179	羽田野乃花	287~295		松井久美
72~73	松井久美	181	松井久美	296		羽田野乃花，松井久美
75	羽田野乃花，松井久美	184-185	羽田野乃花	297~298		松井久美
76~80	松井久美	186	松井久美	299		羽田野乃花，松井久美
82	羽田野乃花	188	羽田野乃花	300		松井久美
83~92	松井久美	191	佐藤蘭名	301~303		羽田野乃花
93	松井久美，羽田野乃花，佐藤蘭名	192	羽田野乃花	credit1		BodyParts3D, Copyright© 2008 ライフサイエンス統合データベースセンター licensed by CC 表示-継承2.1 日本(http://lifesciencedb.jp/ bp3d/info/license/index.html)
95~97	松井久美	195	松井久美			
98	羽田野乃花	197	羽田野乃花			
99	松井久美	199~200	松井久美			
102~104	羽田野乃花	201~210	佐藤蘭名			

監修（敬称略）：
吉川雅英（東京大学大学院教授）

東京大学の先生伝授
文系のための めっちゃやさしい

人体

2021年5月25日発行

発行人	高森康雄
編集人	木村直之
発行所	株式会社 ニュートンプレス　〒112-0012東京都文京区大塚3-11-6
	https://www.newtonpress.co.jp/